黑龙江省哲学社会科学研究规划项目"基于FLS-SVM的中文语篇情感分类"（编号：18TJB099）

基于支持向量机的分类问题研究

宋慧玲　张仲广　夏　冰　著

黑龙江大学出版社
HEILONGJIANG UNIVERSITY PRESS
哈尔滨

图书在版编目（CIP）数据

基于支持向量机的分类问题研究 / 宋慧玲，张仲广，
夏冰著． -- 哈尔滨：黑龙江大学出版社，2022.7
ISBN 978-7-5686-0798-8

Ⅰ．①基… Ⅱ．①宋… ②张… ③夏… Ⅲ．①向量计
算机－研究 Ⅳ．① TP38

中国版本图书馆 CIP 数据核字（2022）第 056251 号

基于支持向量机的分类问题研究
JIYU ZHICHI XIANGLIANGJI DE FENLEI WENTI YANJIU
宋慧玲　张仲广　夏　冰　著

责任编辑　李　卉
出版发行　黑龙江大学出版社
地　　址　哈尔滨市南岗区学府三道街 36 号
印　　刷　三河市佳星印装有限公司
开　　本　720 毫米 ×1000 毫米　1/16
印　　张　12.75
字　　数　202 千
版　　次　2022 年 7 月第 1 版
印　　次　2022 年 7 月第 1 次印刷
书　　号　ISBN 978-7-5686-0798-8
定　　价　51.00 元

前　　言

笔者前期在支持向量机(SVM)基础上,引入模糊隶属度函数,对不同样本选取不同权重,通过样本模糊隶属度的值来确定该样本隶属某一类的程度。为提高 SVM 抗噪能力,应用模糊支持向量机(FSVM)对英语语篇进行情感分类,分类效果优于 SVM。

在前期研究的基础之上,笔者分别应用 SVM 和 FSVM 进行了中文语篇的情感分类,并对分类效果进行对比。仿真实验的结果说明,针对中文语篇进行情感分类,FSVM 的分类效果优于 SVM 的分类效果。

为了验证最小二乘支持向量机(LS－SVM)方法的可行性和优越性,在传统支持向量机的理论基础上,分别以"车评"和"影评"作为样本,应用 LS－SVM 方法进行中文语篇的情感分类,分类效果较好。

结合 FSVM 和 LS－SVM 的优点,笔者课题组尝试性地将模糊隶属度引入 LS－SVM 中。为了说明方法的可行性和优越性,笔者课题组先将 FLS－SVM 方法应用于英文文本的分类,取得了较为理想的分类效果。在此基础之上,将 FLS－SVM 方法应用于复杂的中文文本的情感分类,取得了比较满意的分类效果。

全书共分为七章,其中第 4、5、6、7 章由宋慧玲(哈尔滨金融学院基础教研部)撰写整理;第 1、2 章及参考文献由张仲广(哈尔滨学院马克思主义学院)撰写整理;第 3 章由夏冰(哈尔滨金融学院基础教研部)撰写整理。本书编写过程中得到前辈师长和友人们的关怀指导,他们的无私鼎力相助促成了此书成稿,在此表示衷心感谢!

受理论水平和研究条件所限,书中还有些不尽如人意的地方,恳请读者不吝赐教、批评指正。

宋慧玲（哈尔滨金融学院基础教研部）
张仲广（哈尔滨学院马克思主义学院）
夏　冰（哈尔滨金融学院基础教研部）

目　录

第1章 绪论

1.1 研究背景

随着网络的迅猛发展,人们已经不仅简单地利用网络获取信息,还要通过网络传播信息、发布信息。为此网络中的论坛、博客等涌现出海量的具有情感色彩的语篇。这些情感色彩的语篇有的体现了用户对某种产品或服务的评价,有的体现了公众对某个新闻事件的看法。潜在的消费者将获取到的相关评论作为决策参考,从而确定是否购买某个产品或服务;媒体通过参阅民众对新闻事件的观点来了解舆情。这些带有情感色彩的语篇数量巨大,仅仅依靠人工进行分类需要消耗大量的人力和物力。因此,采用计算机来自动进行语篇情感分析成为国内外研究的热点。

1.1.1 聚类方法的分类

聚类就是按照某个特定标准(如距离准则)把一个数据集分割成不同的类或簇,使得同一个簇内的数据对象的相似性尽可能大,同时不在同一个簇中的数据对象的差异性也尽可能地大,即聚类后同一类的数据尽可能聚集到一起,不同数据尽量分离。

随着研究的不断深入,聚类作为数据挖掘的一种重要方法,现在越来越被人们重视,目前常见的聚类方法见图 1 - 1。

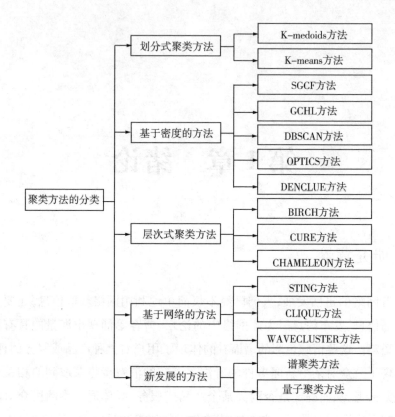

图 1 - 1　聚类方法的分类

在上述聚类方法中,基于密度的方法是当前研究的热点。其关键步骤是建立密度函数和距离函数。

1.1.1.1　密度函数

密度函数的定义如式(1 - 1)所示。

$$\rho_i = \sum_{j \in I_s \setminus \{i\}} e^{-\left(\frac{d_{ij}}{d_c}\right)^2} \qquad (1 - 1)$$

其中,聚类集 $S = \{x_i\}$ $(i = 1, 2, \cdots, N)$, $I_s = \{1, 2, \cdots, N\}$, $d_{ij} = dist(x_i, x_j)$ 为两点间的距离。$d_c = \dfrac{3\sigma}{\sqrt{2}}$, σ 是一个优化值。

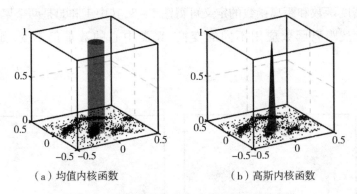

（a）均值内核函数　　　　　　（b）高斯内核函数

图 1 - 2　均值内核和高斯内核函数的示意图

　　采用均值内核和高斯内核函数进行分类时,如图 1 - 2 所示,高斯内核函数示意图中数据点更密集,因此分类效果更好。

1.1.1.2　距离函数

　　距离函数的定义如式(1 - 2)所示。

$$\delta_{q_i} = \begin{cases} \min\limits_{\substack{q_j \\ j<i}} \{d_{q_iq_j}\}, i \geq 2 \\ \max\limits_{j>2} \{\eta_{q_j}\}, i = 1 \end{cases} \tag{1-2}$$

其中,$q_i(i = 1,2,\cdots,N)$ 是一个点密度的降序排列。

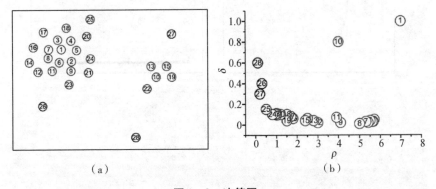

（a）　　　　　　　　　　　　　（b）

图 1 - 3　决策图

　　由密度函数和距离函数的定义可得图 1-3,其中①和⑩是两个聚类中心。

　　将上述距离函数应用不同的变换,聚类中心的数量仍不变,如图 1-4 所示。

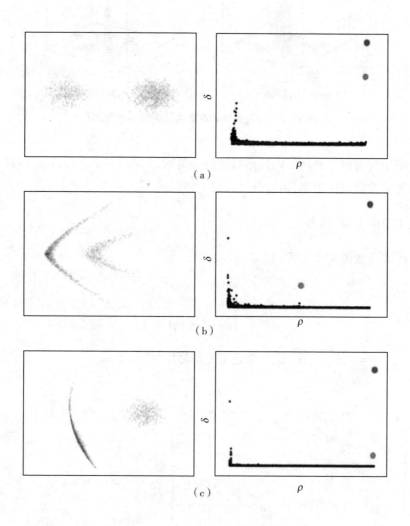

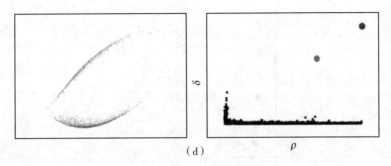

（d）

图 1-4　不同变换的决策图

有一些聚类中心应用上述方法仍然是无法判断的,为此定义以下函数:

$$\gamma_i = \delta_i \rho_i \tag{1-3}$$

其中, γ_i 越大,作为聚类中心的可能性就越大,如图 1-5 和图 1-6 所示。

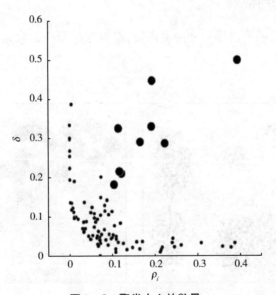

图 1-5　聚类中心的数量

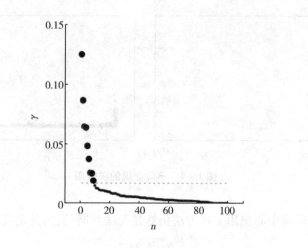

图 1-6 降序排列

1.1.1.3 实验比较

由上述定义的密度函数和距离函数,对数据库给出的常用数据进行仿真分类,得到图 1-7。

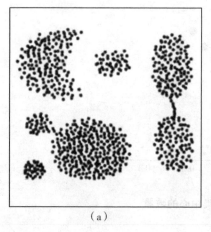 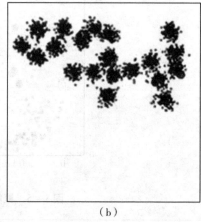

（a）   （b）

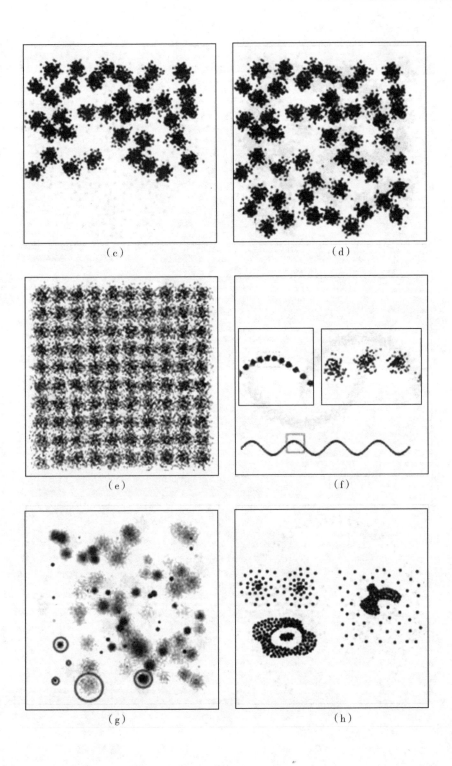

（c）

（d）

（e）

（f）

（g）

（h）

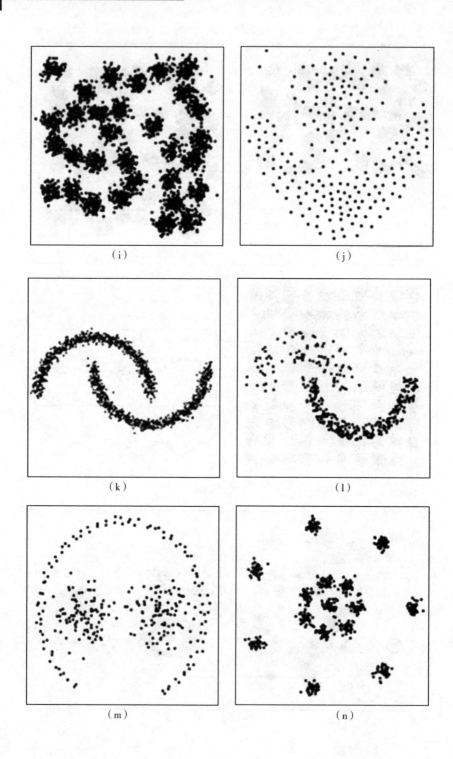

(i)

(j)

(k)

(l)

(m)

(n)

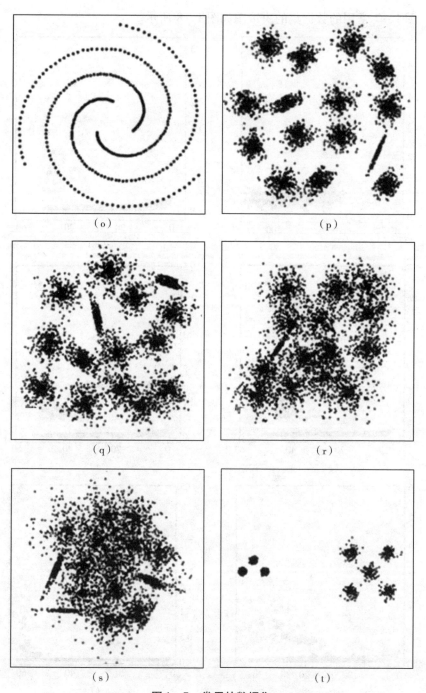

图 1-7 常用的数据集

图 1 - 7 常用的数据集的决策图如图 1 - 8 所示。

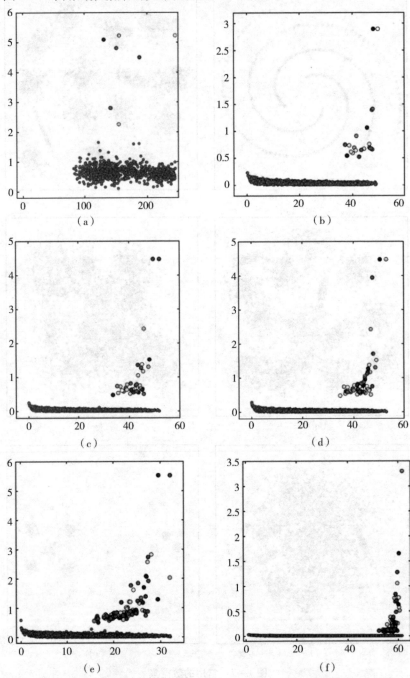

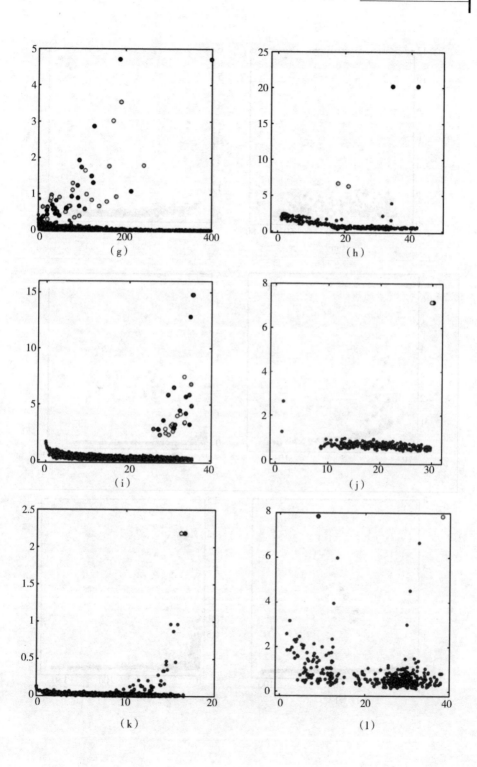

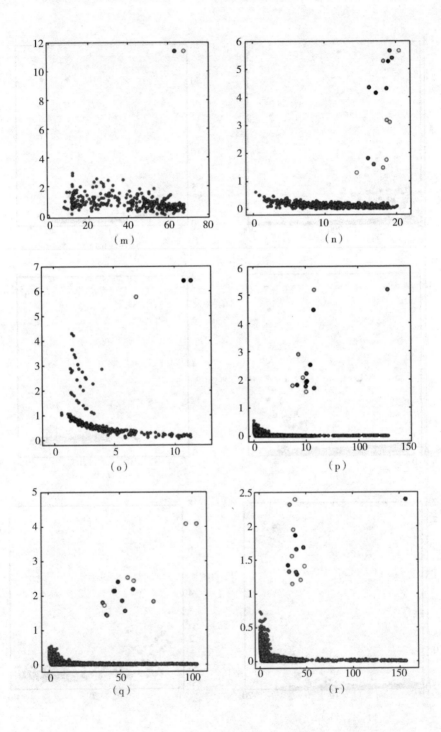

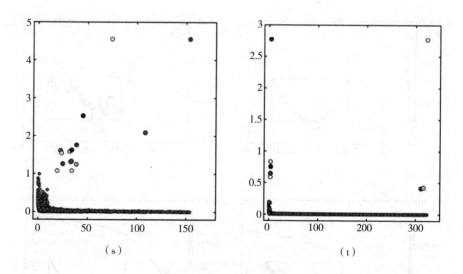

图 1-8　常用数据决策图

基于密度的阈值变化如图 1-9 所示。

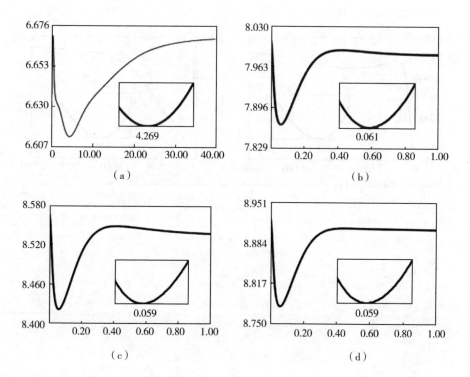

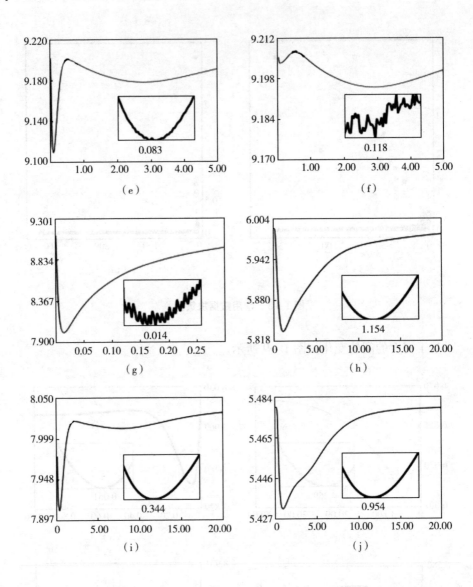

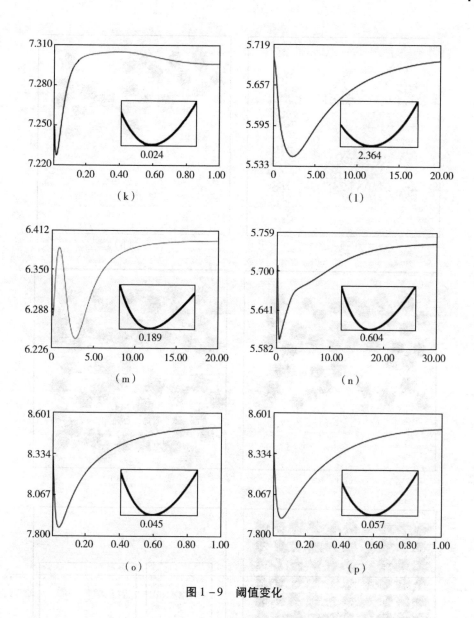

图 1-9 阈值变化

由定义的密度函数和距离函数,得到最终的聚类效果如图 1-10 所示。

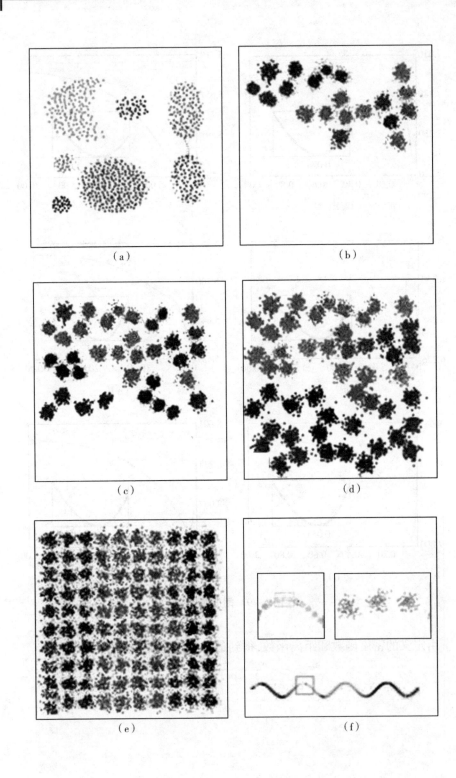

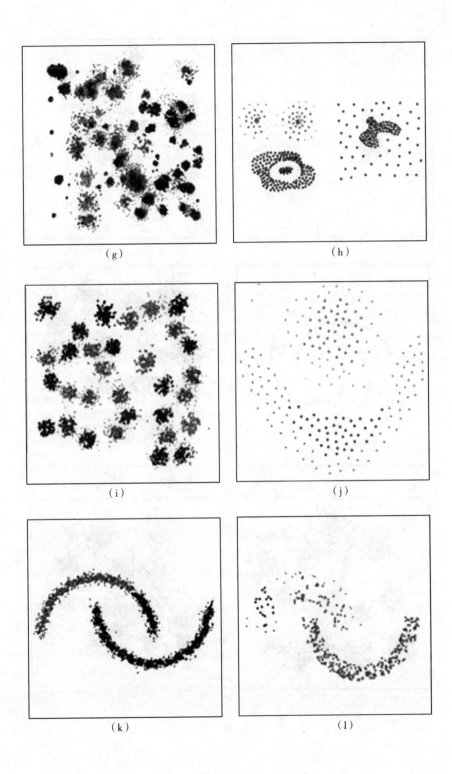

（g）

（h）

（i）

（j）

（k）

（l）

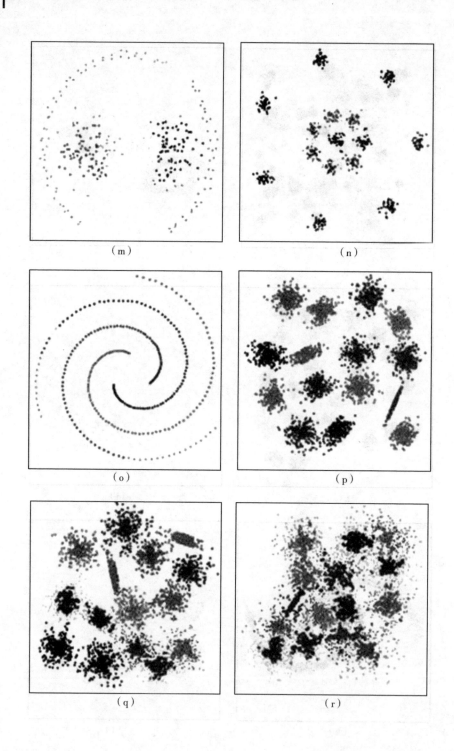

（m）　　　　　　　　　　　（n）

（o）　　　　　　　　　　　（p）

（q）　　　　　　　　　　　（r）

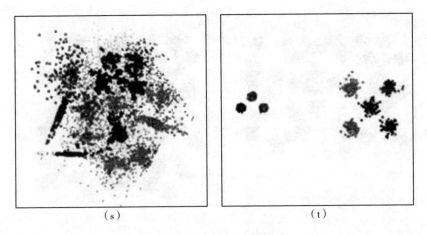

（s）　　　　　　　　　　　（t）

图 1 - 10　最终的聚类效果

图 1 - 11 是 K - means 的聚类效果图,图 1 - 12 是基于密度的 DBSCAN 效果图。

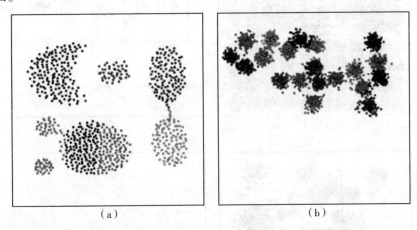

（a）　　　　　　　　　　　（b）

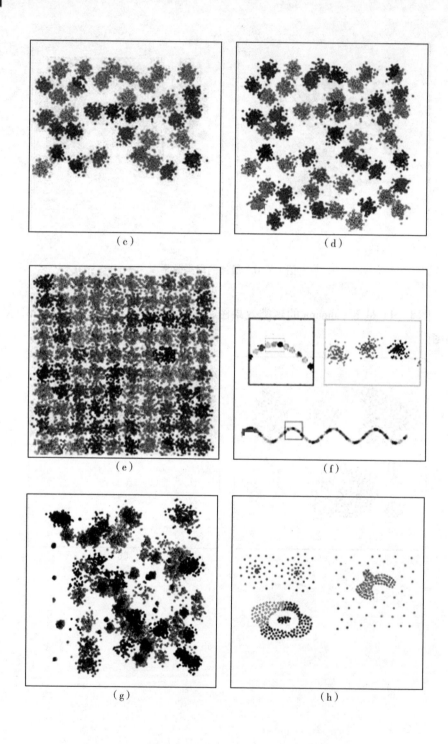

（c）

（d）

（e）

（f）

（g）

（h）

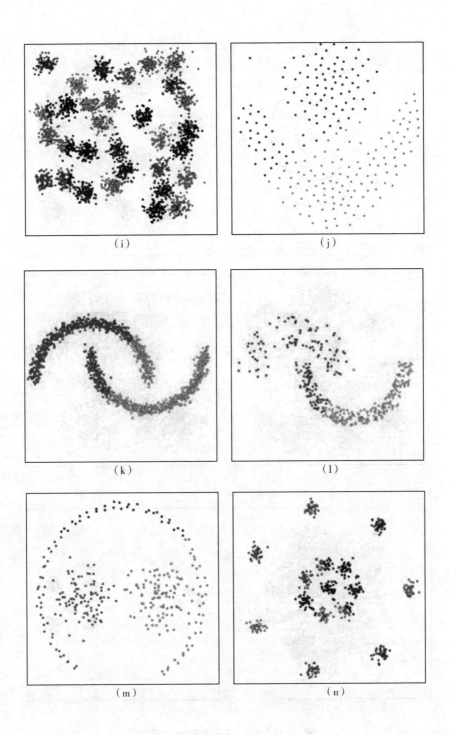

（i）　　　　　　　　　　（j）

（k）　　　　　　　　　　（l）

（m）　　　　　　　　　　（n）

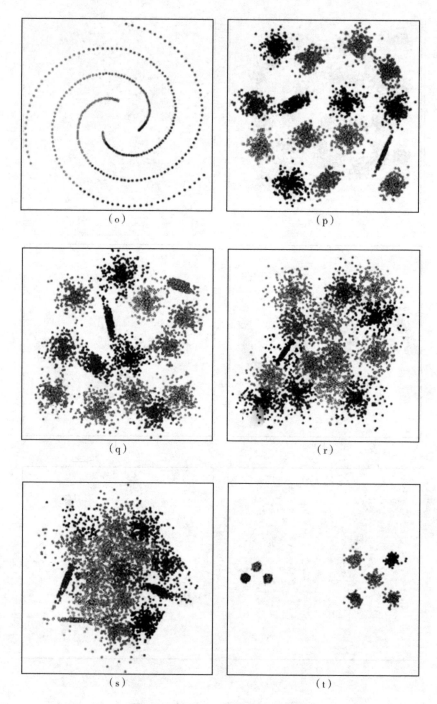

(o)　　　　　　　　　(p)

(q)　　　　　　　　　(r)

(s)　　　　　　　　　(t)

图 1 - 11　K - means 的聚类效果图

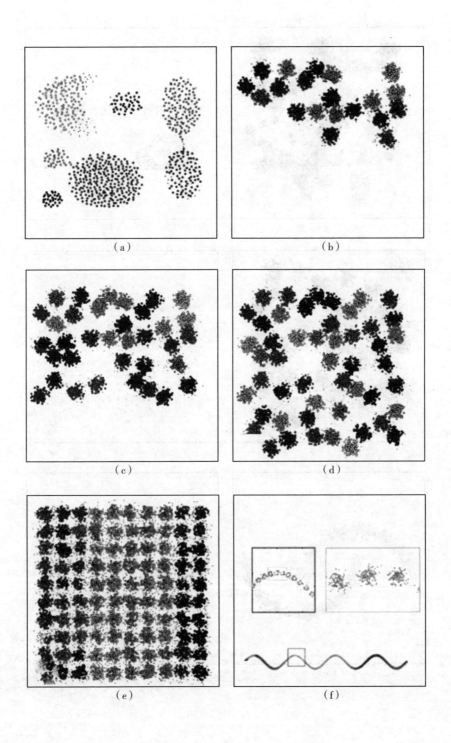

(a)

(b)

(c)

(d)

(e)

(f)

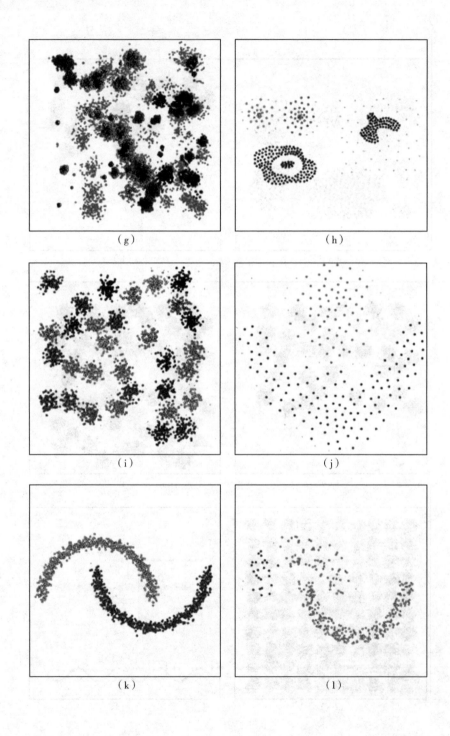

（g）　　　　　　　　（h）

（i）　　　　　　　　（j）

（k）　　　　　　　　（l）

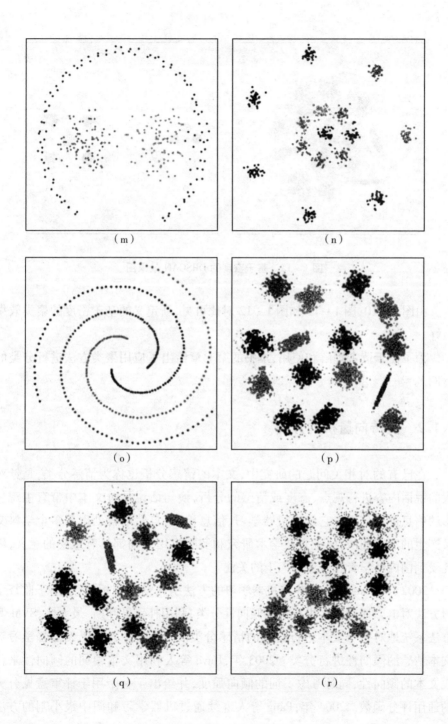

（m）　　　　　　　　（n）

（o）　　　　　　　　（p）

（q）　　　　　　　　（r）

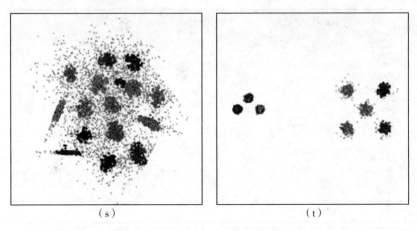

（s）   （t）

图 1 - 12　基于密度的 DBSCAN 效果图

由图 1 - 10、图 1 - 11 和图 1 - 12 对比可见,新定义的基于密度的聚类效果最好。

为了便于读者理解和使用,本书的第七章给出了应用聚类方法进行分类的案例。

1.1.2　支持向量机的分类

在已有的对相关问题的研究中,文本的情感分析也称为情感分类,是针对人的说话内容进行观点、态度或情感的分析,换句话说是对文本中带有主观色彩的信息进行分析。它是由机器学习、信息检索、自然语言处理等多个学科交叉产生的研究领域,由于它在学术研究和实际应用方面都具有重要的意义,因此受到国内外学者和企业界人士的关注。

2002 年,Pang 等人率先将机器学习的方法引入情感分析领域,基于监督学习方法对电影评论文本进行情感倾向性分类,利用朴素贝叶斯、最大熵、SVM 等方法系统地对整个文本进行自动的情感分类。Tumey 等人基于无监督学习对文本情感的倾向性进行分类。2003 年,Dave 等人利用文本中词的倾向性来代表文本的倾向性,同时考虑了词的倾向强度,并给出了一个用于评审意见分类的通用评分函数。2004 年,Pang 等人继续通过机器学习和图中最小割的方法对文本中的句子进行主观性判断。同年,Kim 和 Hovy 等人提出了基于同义词典 WordNet 的方法,他们采用 WordNet 中的同义词、反义词和层次结构来确定词的情感倾向。Liu 等人进一步研究了特征抽取,利用短语中的正面评论和负面评论抽取产品的特征。2006 年,Yi 等人也相继进行了类似的研究。随着人们对情感分类问题的关注,有关数据挖掘、人工智能及 Web 应用等领域的多个国际顶级会议也对其进行了研讨。Melville 等人在先验的基于词典的情感倾向性和训练文本中后验的基于上下文的情感倾向性的基础上,提出了通过结合两种情感词来共同判断文本的情感倾向性的方法。

上述研究均是针对英文的文本情感分析。中文表达形式多样,相关研究起步相对较晚,还处在探索阶段。

徐琳宏等人提出了一种基于语义理解的识别机制自动识别语义倾向,通过计算文本中词汇与 HowNet 中已标注褒贬性词汇间的相似度获取词汇的语义倾向。然后从中选择出倾向性明显的词汇作为特征词,用决策支持向量机分类器分析文本的褒贬性。最后采用否定规则匹配文中的语义否定,以提高分类效果。尽管如此,从分词单位的定义,到歧义消解、未登录词识别,都没有得到很好的解决,尤其对于多粒度的文本信息,还没有有效的模型将不同粒度信息进行融合。李实等人根据中文语言的特点,通过构建中文短语提取模式,定义中文评论中的邻近规则和独立概念,提出了面向中文网络评论的产品特征挖掘方法,数据实验证明了该方法的有效性。刘鸿宇等人使用句法分析结果获取主观句中候选评价对象,同时结合基于网络挖掘的点互信息(PMI)算法和名词剪枝算法对候选评价对象进行筛选,再通过分析主观句句型归纳相应的分析规则,使用无指导的方法完成评价对象在主观句中的情感倾向性判断。徐军等人用朴素贝叶斯和最大熵模型分别对新闻及评论语料进行了情感分类研究,发现选择具有语义倾向的词汇(特别是形容词和名词)对情感分类效果具有决定性作用,采用二值作为特征项权重比采用词频作为权重的方法更能提高分类的准确率,并且最大熵模型比朴素贝叶斯的分类效果明显要好。周杰等人选取不同的特征集、特征维度、权重计算方法和词性等因素对网络新闻评论进行分类测试,并对实验结果进行分析比较。陶富民等人构建了一个面向话题的新闻评论的情感特征提取框架,通过对那些热门话题构造对应的情感特征表来改善情感分析的效果。

中文文本的表达形式多样,比英文的语言结构及句式类型更加复杂,导致针对英文文本情感分析的一些方法在对中文文本情感分析的应用中并没有取得理想的结果。

支持向量机(SVM)是一种基于统计学习理论的模式识别方法。从结构上看,它简单易操作且具有全局最优性和较好的泛化能力,是求解模式识别和分类问题的有效工具。从本质上看,它高效地实现了从训练样本到预报样本的"转导推理",避开了从归纳到演绎的过程,大大简化了传统的分类和回归问题。2011 年,汪正中等人提出以 SVM 作为训练器,进行英文博客文本的情感分析,通过仿真实验说明了所提出的方法的有效性。

由于传统的 SVM 在分类时会产生混分或漏分样本的现象,为了解决这一难题,Lin 等人于 2002 年提出了以 FSVM 作为训练器的方法。在传统的 SVM 基础上引入模糊因子,即给每一个样本都赋予模糊隶属度值,不同样本在决策函数的学习过程中贡献也有差别,由此减少外部的影响,提高分类精度。

同时,在支持向量机的应用过程中,样本数据越多,相应的规划问题越复杂,运算速度因此越低。为了解决此问题,Emre 等人提出 LS – SVM 算法,它将支持向量机算法中的不等式约束改为等式约束,从而将支持向量机中的二次规划问题转化为求解一组线性方程,有效地降低了求解问题的复杂度,减少了运算时间。

情感状态具有模糊性,目前应用模糊最小二乘支持向量机对中文语篇进行情感分类的研究还未见,因此笔者课题组以此为目标展开研究。

文本分类的过程复杂,为了一目了然,笔者将研究过程整理成如图 1 – 13 所示的文本分类流程图。

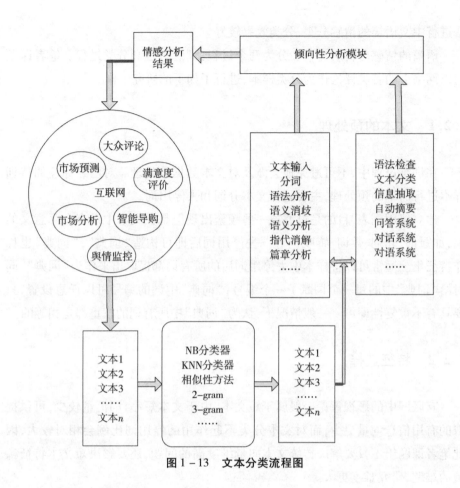

图 1-13　文本分类流程图

1.2　主要研究内容

笔者研究团队的研究由浅入深,前期引入模糊隶属度函数,不同样本选取不同权重,通过样本模糊隶属度的值来确定该样本隶属某一类的程度,为提高抗噪能力,应用模糊支持向量机对英语语篇进行情感分类,分类效果优于支持向量机的分类。笔者研究团队分别应用支持向量机和模糊支持向量机进行了中文语篇的情感分类,并对分类效果进行对比。仿真实验的结果说明,针对中文本文进行情感分类,模糊支持向量机的分类效果优于支持向量机的分类效果。为了验证最小二乘支持向量机方法的可行性和优越性,在传统支持向量机的理论基础上,分别以"车评"和"影评"作为样本,应用最小二乘支持向量机方法进行中文语篇的情感分类,分类效果较好。

语篇的情感分析研究一般分为两个过程:训练过程和分类过程。笔者课题组以网络上的各类评论作为分类样本,进行了如下的研究工作。

1.2.1　文本的预处理

在训练过程中,不可避免地会涉及对文本数据预处理。对已经标注的待训样本进行简单的预处理,主要是指文本分词和去停用词。

建立停用词表,目的是过滤掉一些频繁出现但是在文本中没有实际意义的词,如冠词、介词、数词、感叹词等。去停用词后即可构造"词典","词典"也称作特征集。通常可以将样本中去停用词后的所有词都提取出来作为"词典",同时给"词典"中的每一个词赋予一个编号,"词典"中词的编号可以任意设置,只要具有不重复性即可。一般情况下,认为"词典"中所有词的权重都是相等的。

1.2.2　特征选择

互联网中的影视评论一般属于短文本,由于文本短小,词汇量较少,可供提取的有用信息词量更少,而对文本分类不起作用的停用词比例会相对较大,因此笔者课题组不仅要解决传统文本向量维度高的问题,还要解决短文本特征稀疏的难题,研究难度更大。

针对短文本信息词量少的特点,笔者课题组分别对传统的词频、互信息、χ^2 统计等常用特征选择方法进行了改进。仿真实验结果表明,与传统的特征选择方法相比,这些改进的特征选择方法都提高了英文影评等短文本的分类效果,可以降低特征空间的维度,提高情感分析的效率和精度。其中改进的 χ^2 统计和 $MIDF(t)$ 方法分类效果最好。

改进的 χ^2 统计是在传统 χ^2 统计的基础上引入频度因素,提出的一种针对英文影评文本的特征提取方法;$MIDF(t)$ 方法是综合考虑样本在正类和负类中的分布情况,结合反文档频率和相关性频率的特点,提出的一种短文本特征权重计算方法。

1.2.3 分类器的改进

在 SVM 的基础上,引进模糊隶属度函数,对噪声或野点样本分别赋予较小的隶属度值,降低了它们对情感识别结果的影响。模糊隶属度函数和参数的选取对情感状态的分类识别影响重大,样本的隶属度值由样本聚集程度和数据点与类中心距离相结合的联合模糊隶属度函数决定。每个样本的隶属度值一定程度上反映了样本的类型归类情况,影响了样本在情感识别过程中所起的作用,减弱了野点样本对分类的影响,提高了情感状态识别效果。

1.2.4 仿真实验及结果分析

选取情感分析语料库,其中包括肯定态度和否定态度的语篇,还有标注主观标签和褒贬极性的句子,其中一部分作为训练语料集,另一部分作为测试语料集。通过分析、评价测试结果的查准率和召回率,说明上述研究方法的有效性和可行性。

第2章　文本的预处理

文本分析是一门随着互联网用户需求的不断提高而逐步发展起来的交叉性学科,其涉及人工智能、统计学、数据挖掘、信息学、机器学习等多个研究领域。文本挖掘的目的是应用理论知识从收集到的大量文档中发现隐含的规律和模式,它从数据挖掘领域发展而来,但与传统的数据挖掘又有不同之处。传统的数据挖掘所处理的数据一般都是结构化的,而文本挖掘的对象是海量、异构、分布的文档,其文档内容往往是人们使用的自然语言,所处理的数据都是半结构或无结构的,缺乏计算机可理解的语义。所以,文本挖掘面临的首要问题是,如何将海量、异构分布的文档用计算机合理地表示出来,使其既包含足够的信息以反映文本的特征,又能使学习算法尽量简化以便于实现。在浩如烟海的网络信息中,80%的信息都是以文本的形式存放的,文档文本挖掘是文档内容挖掘的一种重要形式。

文本的情感分类又称意见挖掘,是对带有情感色彩的主观性文本进行分析、处理、归纳和推理的过程,通过挖掘和分析文本中的立场、观点、情绪等主观信息,可以判断出文本的情感倾向,从而进行所需的分类。随着互联网的迅猛发展和人们在网络上发布信息的多元化,大批学者投入到文本情感分类的研究中。在对文本进行情感分类时,首先要对收集到的文本数据进行预处理,其中包括语料库的选择、文本分词、去停用词等操作。

同一分类器针对不同类型的文本,其分类效果也不完全相同。笔者课题组进行情感分类的样本有三类:汽车评论、影视评论、热点问题评论。

2.1　语料库的选择

语料一般是指经过整理的具有既定格式的文本。语料库是指计算机存储的数字化语料库,是语料的集合。语料库应具有下列特征:

(1)语料库中存放的是在实际使用中真实出现过的语言材料;

(2)语料库是承载语言知识的基础资源,但并不等于语言知识;

(3)将待分类的语料进行预处理,就能使之成为可以使用的样本。

语料库是对文本进行情感分类的基础,通过计算待分类文本的情感特征与情感语料库中的语料关联度,可以确定出待分类文本的情感倾向。因此,在进行文本情感分类时需要由保质保量的情感语料库提供足够多的数据。

2.2　文本分词

2.2.1　英文文本的分词

在基于向量空间模型的分类系统中,需要将文本表示成向量空间中的一个向量,文本中的单词是表征文本特征的元素(即分量),因此在预处理过程中毫无疑问地要进行文本分词。使用分词工具"^"将句子分割成词,如将句子"The most exciting science – fiction space adventure ever made." 分成"The most ^exciting^ science – fiction space ^adventure ^ever made."。

将语料库中的英文单词都作为文本特征的元素,一般来说构成的特征集维度较大,不便于计算和实际操作,因此需要去停用词。文本中的冠词、介词等词虽然在整个语料中频繁出现,但在每篇文档中出现的频率却差不多,其只是为了保证文章结构的完整,并不影响文章的语意,对于这些具有一定功能却没有实际情感含义的词,我们将其从特征集中去掉,如 of、the、under、and、but、can、you、one、next 等。这类词被统称为"停用词"。

另外,一些单词有现在分词、过去时、过去分词、第三人称单数等多种形式,如 taking、took、taken、takes;一些词有形容词、副词、名词等多种形式,如 healthy、 healthily、healthiness;还一些词有原级、比较级、最高级等多种形式,如 good、better、best 等。尽管它们的形式有差别,但词干一致,因而统计时当作同一个词来进行处理。

文本通过去停用词构造词典,词典其实就是一个特征集。一般情况下可以将样本中所有的词都提取出来作为词典,并对每一个词进行编号。词典的编号可以随意设置,但具有不重复性。默认情况下,所有词的权重都是等同的。英文词典的生成过程如表 2 - 1 所示。

表 2 - 1　英文词典的生成过程表

训练文本	去停用词生成词典	特征词	序号
w_1:Short But Exciting.		Short	1
w_2:The most exciting science – fiction space adventure ever made.		exciting	2
	but、the、most、than、an、or……	science – fiction	3
		adventure	4
w_3:Less admirable than 2001, but more exciting.		admirable	5
		instant	6
w_4:An instant classic.		classic	7
w_5:Don't waste your money or your time on this one, if you are going to make a Biblical epic at least follow the exciting story.		waste	8
		money	9
		time	10
……	……	……	……

2.2.2　中文文本的分词

英文文本的语句可以通过空格完成词与词之间的区分,而中文文本的语句中字与字之间没有空格。"好"和"不好"是词义完全相反的两个词,而"好不好"的词义则无法确定。由此可见,相对于英文文本的分词,中文文本的分词要复杂得多。目前,中文文本通过在各词条间加入分隔符,将中文文本的连续字流形式转化为离散的词流形式,从而完成分词。

学者们提出了一些常用的分词方法,其中最大匹配算法的流程图如图 2 – 1 所示。

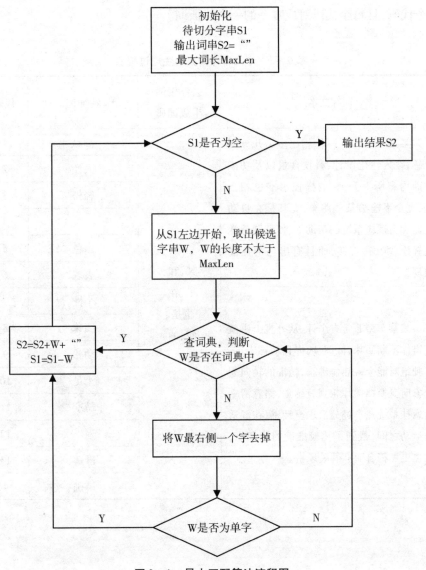

图 2 – 1　最大匹配算法流程图

在中文文本中影响文本属性的一般是形容词、名词和动词。由于长文本和短文本的结构不同,因此在对这两类文本进行分类时,特征词权重的确定方法也不完全相同,后面的章节会详细说明,在此不赘述。

与英文词典的生成类似可得中文词典,如表 2-2 和表 2-3 所示。

从训练文本中提取影响文本"感情"类别的词作为特征词,每个特征词赋予一个代码,且每个代码对应唯一的一个特征词。

表 2-2　中文车评词典的生成过程表

训练文本	去停用词生成词典	特征词	代码
某某车型和上一代相比多了几分细腻感,在人性化设计、科技含量以及功能方面均有所提升;它的操控水准也相当高,完全不输给某些跑车,尤其是在自动转向和自适应系统的帮助下,使驾驶感觉更轻松、准确、直接,而且有出色的性能表现!	某、和、了、在、也是、使、的、这……	细腻	1
		人性	2
		轻松	3
		准确	4
		出色	5
		表现	6
某某车型非常有个性,从外观上讲就值得你不断回味,低调、凶悍且动感十足。驾驶绝对能令人热血沸腾,精准的转向配合方向盘换挡拨片相当有感觉,路感清晰的悬挂系统并不过分追求直接感,在舒适与运动之间,找到了比较准确的平衡点,这也更加符合亚洲驾驶风格。		个性	7
		回味	8
		动感	9
		十足	10
		精准	11
		追求	12
		舒适	13
		准确	4

续表

训练文本	去停用词生成词典	特征词	代码
某某车型是真的尴尬,在一众合资品牌车型里面,它是唯一的一个豪华品牌。 关于大家的主要投诉点在于变速器异响与顿挫、发动机防冻液渗漏从而导致冷却系统故障的问题。		尴尬	14
		豪华	15
		品牌	16
		异响	17
		顿挫	18
		渗漏	19
		故障	20
		问题	21
碰撞测试直接搞坏了自己的口碑,炒高了头盔销量。 如今的某某车型只能唯唯诺诺地和某人看日落。 而关于投诉,主要是变速器电脑板故障、变速器顿挫以及变速器异响。 投诉问题依旧是湿式双离合的老毛病了,顿挫、故障率高等等。	某、和、了、在、也是、使、的、这……	坏	22
		投诉	23
		故障	20
		顿挫	18
		异响	17
		问题	21
		毛病	24
某某车型的问题并不是存在一些严重的产品设计缺陷,而是稍微用点心、花点成本就可以搞定的事情。主要投诉问题是转向系统卡滞、转向系统异常。 这些投诉的核心问题在于转向机,这个并不会像变速箱的问题一样"久治不愈",所以不用太过烦恼。		问题	21
		缺陷	25
		卡滞	26
		异常	27
		烦恼	28

续表

训练文本	去停用词生成词典	特征词	代码
某某车型兼顾了个人驾驶乐趣和乘坐的舒适性,它是一款全能车型,内饰方面基本沿用了一贯风格,有品位、显档次,样样都很到位,尤其改进后的后排的配备,独立式 DVD 媒体系统使商务气息浓重的同时多了几分亲近感,即使家庭选用,配置方面也非常实用。	某、和、了、在、也是、使、的、这……	舒适	13
		全能	29
		风格	30
		品位	31
		到位	32
		改进	33
		亲近感	34
		实用	35
某某车型发动机的问题主要是烧机油、噪声大、功率不足等,2019 年召回了近 40 万辆,但是据车主反映,就算是召回过后也无法满足车主正常的需求。		问题	21
		噪声大	36
		功率不足	37
		召回	38
		无法	39
		满足	40
……	……	……	……

表 2-3 中文影评词典的生成过程表

训练文本	去停用词生成词典	特征词	代码
很少有动作片能如此深度地诠释人性感情的缺憾，个人认为影片近乎完美。		诠释	1
		缺憾	2
		完美	3
		立足于	4
故事本身没有立足于真实生活，无新意且不丰满，大量借鉴影视经典作品，反而显得不伦不类。		真实	5
		新意	6
		丰满	7
		经典	8
		不伦不类	9
整个故事太单薄，全片只见男女主角在正反打镜头中你一言我一语，两个人用平庸的台词撑起两个小时，最终只是个俗套的爱情故事。	有、的、只是、此片、他、她……	单薄	10
		平庸	11
		俗套	12
		强烈	13
		曲折	14
		充满	15
此片感情强烈，情节曲折，充满生生死死的戏剧冲突，他邀请几位大明星主演，具备充分的商业元素，但同时却蕴含深刻的文化内涵，"通俗中见斑斓，曲高而和者众"。这部影片在华丽的背后，蕴含着深刻的哲理。		冲突	16
		蕴含	17
		内涵	18
		通俗	19
		华丽	20
		深刻	21
		哲理	22

续表

训练文本	去停用词生成词典	特征词	代码
本以为所谓转型之作能给我带来对她演技的改观。但是让人很失望的是,她似乎还是沉浸在自己程序化的表演中,对情绪的把握都体现不出人物的立体性。男主的演技还不错,但是更衬托出女主对人物诠释不足。	有、的、只是、此片、他、她……	改观	23
		失望	24
		沉浸	25
		程序化	26
		把握	27
		不错	28
		诠释	1
		不足	29

第 3 章　文本特征的选择和权重计算

3.1　基础知识

近年来,对文本表示的研究主要有两方面:一方面是文本模型的建立;另一方面是特征词选择算法的选取。

文本的特征(或特征项)是用来表示文本的基本单位。特征项一般需要具备以下特征:

(1)特征项要能够确切标识文本内容;

(2)特征项具有将目标文本与其他文本相区分的能力;

(3)特征项的个数不能太多;

(4)特征项分离要比较容易实现。

文本的表示及其特征项的选取是文本挖掘、信息检索的基础,是把从文本中抽取出的特征词进行量化来表示文本信息。将它们从一个无结构的原始文本转化为结构化的计算机可以识别处理的信息,即对文本进行科学的抽象,建立相应的数学模型,用以描述和代替文本,使计算机能够通过对这种模型的计算和操作来实现对文本的识别。由于文本是非结构化的数据,要想从大量的文本中挖掘有用的信息,首先要将文本转化为可处理的结构化形式。目前,人们通常采用向量空间模型来描述文本向量,但是如果直接用分词算法和词频统计方法得到的特征项来表示文本向量中的各个维度,那么这个特征向量的维度将过于巨大。这种未经处理的文本向量导致运算量巨大,有时甚至会影响分类的精确度,在这样的情况下,要完成文本分类几乎是不可能的。于是,要得到理想的仿真效果,首先要简化处理文本向量,在不影响文本核心信息的情况下,确定出对文本分类影响最大的特征项。为了解决这个问题,最有效的办法就是通过特征选择,尽量减少要处理的单词数,以此来降低向量空间的维度,从而简化计算,提高文本处理的速度和效率。文本特征选择对文本内容的过滤和分类、聚类处理、自动摘要以及用户兴趣模式发现、知识发现等有关方面的研究都有非常重要的影响。通常根据某个特征评估函数计算各个特征的评分值,然后按评分值对这些特征进行排序,选取若干个评分值最高的作为特征词,这就是特征选择的过程。

特征选择的方式有四种:

(1)用映射或变换的方法把原始特征变换为较少的新特征;

(2)从原始特征中挑选出一些最具代表性的特征;

(3)根据专家的知识挑选最有影响的特征;

(4)用数学的方法进行选取,找出最具分类信息的特征,这种方法是一种比较精确的方法,人为因素的干扰较少,尤其适合于文本自动分类挖掘系统的应用。

随着互联网的迅猛发展和相关领域研究的深入,文本特征选择逐步向数字化、智能化、语义化的方向拓展,将在各个方面展现其举足轻重的影响。

20 世纪 60 年代,现代信息检索的奠基人、著名的 IR 向量空间模型(VSM:Vector Space Model)的创始人 Gerard Salton 和他的团队创造了"智能信息检索系统",这是第一个具有真正意义的搜索引擎,是一个完整的基于 VSM 的文本信息检索系统。

VSM 的主旨思想是建立向量空间模型,将文本数据转换成计算机可以处理的结构化数据,即向量空间中的向量运算,再根据两个向量的近似程度判断两个文本的近似程度。

将文本看作空间向量,文本之间的相似性由向量之间的相似性来确定。可以通过计算余弦值来衡量向量的相似性,余弦值为零说明特征词向量与文本向量相互垂直,即此文本里没有该特征词。VSM 中目标信息一般由特征词 t_1,

$t_2,\cdots,t_n$ 和相应的权值 $w_1,w_2,\cdots,w_n$ 表示,特征词和权值的选择过程就是目标样本的特征选择过程,利用这些特征词就可以判断待训文本与目标文本之间的相似性。

由此可见,在系统进行文本分类的过程中,特征选择方法的好坏非常重要。下面是几种常用的特征选择方法。

3.1.1　词频(TF:Term Frequency)

词频是指一个特征词在文档中出现的次数。

$$TF(t,d) = \begin{cases} 0,freq(t,d) = 0 \text{时} \\ 1 + \lg\{1 + \lg[freq(t,d)]\}, \text{其他} \end{cases} \qquad (3-1)$$

用 $TF(t,d)$ 的值来衡量特征词 t 与文档 d 的关联程度。当 $TF(t,d) = 0$ 时,说明文档 d 中没有特征词 t;当 $TF(t,d) \neq 0$ 时,说明文档 d 中包含特征词 t。该方法认为文本中出现次数少的词对分类的贡献就小,然而在实际的研究中并非如此。

3.1.2　文档频率(DF:Document Frequency)

文档频率是指在整个数据集中出现某一个特征词的文本数。

$$DF(t,C) = \frac{\text{类别 } C \text{ 中出现特征词 } t \text{ 的文本数}}{\text{训练集类别 } C \text{ 中的总文本数}} \qquad (3-2)$$

该方法计算简单,运行速度快,对于海量数据的分类效果较好。但是,对于短文本和稀有词的分类有时效果并不理想,影响分类器的准确率。

3.1.3　反文档频率(IDF:Inverse Document Frequency)

反文档频率是一种度量词频的常用方法。

$$IDF(t) = \lg(\frac{N}{n} + 0.01) \qquad (3-3)$$

其中,N 表示训练文档总数,n 表示训练文档中包含特征词 t 的文档数,加 0.01 是为了避免在特征词 t 未出现的情况下出现分母为零的情况。数值计算的结果

体现出特征词 t 的重要程度。

3.1.4 词频－反文档频率（TF－IDF：Term Frequency－Inverse Document Frequency）

将 TF 与 IDF 方法相结合，即通过 TF 和 IDF 的乘积构造出 TF－IDF 特征权重计算公式：

$$TF \times IDF = TF(t,d) \times IDF(t) \qquad (3-4)$$

归一化公式如下：

$$W(t_i,d_i) = \frac{tf_{ik}(t,d) \times idf(t_i)}{\sqrt{\sum_{k=1}^{t} \left[tf_{ik}(t,d) \times idf(t_i) \right]^2}} = \frac{tf_{ik}(t,d) \times \lg(\frac{N}{n} + 0.01)}{\sqrt{\sum_{k=1}^{t} \left[tf_{ik}(t,d) \times idf(t_i) \right]^2}}$$

$$(3-5)$$

其中，$W(t_i,d_i)$ 表示第 i 个特征词 t_i 的权重，$tf_{ik}(t,d)$ 表示特征词 t 在文档 d 中出现的频率，N 表示文档总数，$idf(t_i)$ 表示包含 t 的文档数。某个特征词在某类文档中出现的频率高，而在其他类文档中出现的频率低，说明这个特征词对文本分类的影响较大，相应的 $TF \times IDF$ 值也大。

3.1.5 互信息（MI：Mutual Information）

互信息是通过某个特征词 t 和某个类别 C_i 同时存在的概率来判断它们之间的关联。

$$MI(t,C_i) = \lg \frac{P(t,C_i)}{P(t) \cdot P(C_i)} \qquad (3-6)$$

其中，$P(t,C_i)$ 表示类别 C_i 的文本中出现特征词 t 的概率，$P(t)$ 表示特征词 t 出现在整个训练文本中的概率，$P(C_i)$ 表示属于类别 C_i 的文本出现在整个训练文本中的概率。

含特征词 t 的文本在类别 C_i 中出现的概率大，而在其他类别中出现的概率小，则 $MI(t,C_i)$ 值大，说明特征词 t 对文本分类的影响较大，反之则小。

若文本分类的类别个数为 n ，则需要考虑特征词 t 与各个类别之间的平均相关度：

$$\overline{MI}(t,C) = \sum_{i=1}^{n} P(C_i) \lg \frac{P(t,C_i)}{P(t) \cdot P(C_i)} \qquad (3-7)$$

3.1.6　信息熵（IE：Information Entropy）

信息熵是指某种特定信息出现的概率。假设定义如下：

$$IE(X) = -\sum_{i=1}^{n} P(x_i) \lg_2 P(x_i) \qquad (3-8)$$

其中，X 表示随机事件 $x_1, x_2, \cdots, x_n$ 构成的集合，$P(x_i)$ 表示随机事件 x_i 出现的概率。

在文本分类中，我们将特征词 t 信息熵定义为：

$$IE(t) = -\sum_{i=1}^{n} P(C_i,t) \lg P(C_i,t) \qquad (3-9)$$

其中，n 表示类别的数量，$P(C_i,t)$ 表示在文本包含特征词 t 的前提下，该文本属于类别 C_i 的概率。

$IE(t)$ 的值越小，说明特征词 t 对文本分类的影响越大。

3.1.7　χ^2 统计

χ^2 统计是度量特征词 t 与类别 C_i 之间关联程度的方法。χ^2 统计的公式如下：

$$\chi^2(t,C_i) = \frac{N(AD-BC)^2}{(A+B)(A+C)(C+D)(B+D)} \qquad (3-10)$$

其中，N 表示训练文本总数，A 表示包含特征词 t 且属于类别 C_i 的文档数，B 表示包含特征词 t 但不属于类别 C_i 的文档数，C 表示不包含特征词 t 但属于类别 C_i 的文档数，D 表示既不包含特征词 t 又不属于类别 C_i 的文档数。

显然 $A+B+C+D=N$，若 n 表示属于类别 C_i 的文档总数，则 $A+C=n$，$B+D=N-n$，上式可以化简为：

$$\chi^2(t,C_i) \approx \frac{(AD-BC)^2}{(A+B)(C+D)} \qquad (3-11)$$

$\chi^2(t,C_i)$ 的值越大,说明特征词 t 与类别 C_i 之间的相关性越强,反之则越弱。当 $\chi^2(t,C_i) = 0$ 时,说明特征词 t 与类别 C_i 彼此独立,不相关。

根据已求的 $\chi^2(t,C_i)$ 值,可以得到评分公式:

$$\chi^2_{max}(t) = \max_{i=1}^{n}\{\chi^2(t,C_i)\}$$

$$\chi^2_{avg}(t) = \sum_{i=1}^{n} P(C_i)\chi^2(t,C_i) \qquad (3-12)$$

3.1.8　信息增益(IG:Information Gain)

信息增益是通过计算特征词 t 出现的概率以及包含特征词 t 的文本属于类别 C_i 的概率来判断特征词 t 的权重,$IG(t)$ 的计算公式如下:

$$IG(t) = -\sum_{i=1}^{m} P(C_t)\lg P(C_i) + P(t)\sum_{i=1}^{m} P(C_t,t)\lg P(C_i,t) +$$

$$\qquad (3-13)$$

$$P(\bar{t})\sum_{i=1}^{m} P(C_t,\bar{t})\lg P(C_i,\bar{t})$$

其中,$P(C_t,t)$ 表示包含特征词 t 的文本属于类别 C_i 的概率,$P(C_t,\bar{t})$ 表示不包含特征词 t 的文本属于类别 C_i 的概率,$P(C_i)$ 表示属于类别的文本在整个训练文本中的概率,$P(t)$ 表示特征词 t 在整个训练文本中出现的概率。

特征词 t 的 $IG(t)$ 值越大,说明其对文本分类的影响越大,换句话说特征词 t 与类别 C_i 的关联性越大。

3.1.9　期望交叉熵(ECE:Expected Cross Entropy)

期望交叉熵是一种基于概率统计的方法:

$$ECE(t) = P(t)\sum_{i=1}^{n} P(C_i,t)\lg\frac{P(C_i,t)}{P(C_i)}$$

其中,n 表示类别的数量,$P(C_i,t)$ 表示在文本包含特征词 t 的前提下,该文本属于类别 C_i 的概率,$P(C_i)$ 表示属于类别 C_i 的文本出现的概率。

$ECE(t)$ 的值越大,说明特征词 t 对文本分类的影响越大,换句话说特征词 t

与类别 C_i 的关联性越大。该方法与 IG 方法很相似,但只考虑了文本中出现的特征词。

3.1.10　遗传算法(GA: Genetic Algorithm)

文本实际上可以看作是由众多的特征词构成的多维空间,而特征向量的选择就是多维空间中的寻优过程,因此在文本特征提取研究中可以使用高效寻优算法。遗传算法是一种通用型的优化搜索方法,它利用结构化的随机信息交换技术组合群体的各个结构中最好的生存因素,复制出最佳代码串,并使之一代一代地进化,最终获得满意的优化结果。

文档频数是典型的类间不相关评估函数,文档频数的排序标准是依据特征词在文档中出现篇数的百分比,或称为篇章覆盖率。为了提高这种类型的评估函数的区分度,要尽量寻找篇章覆盖率较高的特征词,但又要避免选择在各类文本中都多次出现的无意义高频词,因此类间不相关评估函数对停用词表的要求很高。然而很难建立适用于多个类的停用词表,停用词不能选择太多,也不能选择太少,否则都将会影响特征词的选择。同时,类间不相关评估函数还存在一个明显的缺点,就是对于特征词有交叉的类别或特征相近的类别,选择的特征词会出现很多相似或相同的词条,造成在特定类别间的区分度下降。类间相关的评估函数,如期望交叉熵、互信息、文本证据权等,综合考虑了词条在已定义的所有类别中的出现情况,可以通过调整特征词的权重,选择出区分度更高的特征词,在一定程度上提高了相近类别的区分度。但是,该区分度的提高仅体现在已定义的类别间,而对于尚未定义的域外类别,类间相关评估函数的选择效果也不理想。因此,在评估函数选择问题上,提高对域外类别文本的区分度是十分重要的研究课题。

传统的特征选择方法大多采用以上各评估函数进行特征权重的计算,由于这些评估函数是基于统计学的,其中一个主要缺陷就是需要用一个很庞大的训练集才能获得几乎所有的对分类起关键作用的特征。这需要消耗大量的时间和空间资源,况且构建这样一个庞大的训练集也是一项艰巨的工作。然而,在现实应用中,考虑到工作效率也没有足够的资源去构建一个庞大的训练集,这样的结果就是被选中的甚至是权重比较高的特征词,可能对分类没有什么用处,反而会干涉正确的分类,而真正有用的特征词却因为出现的频率低而获得较低的权重,甚至在降低特征空间维度的时候被删除掉了。

基于评估函数的特征提取方法是建立在特征独立的假设基础上的,但在实际中这个假设是很难成立的,因此需要考虑特征相关条件下的文本特征提取方法。

3.2 基于改进词频的特征提取方法

传统的词频方法认为文本中出现次数少的词对分类的贡献就小,然而在实际的研究中我们发现,文本的长短往往影响词频。

短文本中特征词 t 的 $TF(t,d)$ 值相对较小,相反长文本中特征词 t 的 $TF(t,d)$ 值相对较大。为此,将传统的词频公式改进为:

$$\widetilde{TF}(t,d_i) = 1 + \sum_{i=1}^{N} \begin{cases} \dfrac{freq(t,d_i)}{freq(d_i)} & ,特征词\ t\ 在文本\ d_i\ 中出现时 \\ 0 & ,其他 \end{cases}$$

$$(3-14)$$

其中,N 表示训练文本总数,$freq(t,d_i)$ 表示特征词 t 在文本 d_i 中的词频,$freq(d_i)$ 表示文本 d_i 中所有特征词的词频和。

3.3 基于改进互信息的特征提取方法

传统的互信息公式如式(3-6)所示。在类别 C_i 中,对于两个特征词 t_1 和 t_2,若它们出现的概率相同,即 $P(t_1,C_i) = P(t_2,C_i)$ 则当 $P(t_1) > P(t_2)$ 时,$MI(t_1,C_i) < MI(t_2,C_i)$,说明频度小的特征词 $MI(t,C_i)$ 值大,换句话说频度小的特征词对文本分类的影响反而大。

在实际的研究中我们发现,这种方法往往会提取到稀有词,一般情况下这些稀有词对海量文本的分类影响并不大。为此,引入频度因子 α 进行调节,由此解决传统的互信息中稀有特征词不可靠的问题。频度公式如下:

$$\alpha(t,C_i) = \frac{类别\ C_i\ 中特征词\ t\ 出现的次数}{类别\ C_i\ 中的文本总数} \qquad (3-15)$$

在式(3-6)中乘以频度因子 α ,得到改进的互信息公式:

$$\tilde{MI}(t,C_i) = \alpha(t,C_i)\lg\frac{P(t,C_i)}{P(t)\cdot P(C_i)} \qquad (3-16)$$

通过频度因子 α 的调节,运算结果中考虑了词频的影响,分类更合理。

3.4 基于改进 χ^2 统计的特征提取方法

传统的 χ^2 统计公式如式(3-10)所示。

笔者从以提供电影相关评论、资讯和新闻为主的英文网站中选出 800 条具有情感色彩(褒义或贬义)的影评作为训练文本,即 $N=800$ 。将这些文本分为褒义文本和贬义文本,类别 c_1 代表褒义,类别 c_2 代表贬义,则类别数 $n=2$ 。经统计得部分特征与类别的关联,如表 3-1 所示。

表 3-1 特征类别关联表

	funny(fun)	enough	excellent	really
褒义文本(共 500 条)	42	20	10	30
贬义文本(共 300 条)	13	8	0	14

为计算 χ^2 (funny,褒义),根据表 3-1 的统计可知 $A=42,B=13,C=458$, $D=287$,代入式(3-10)得 χ^2 (funny, c_1) $=4.8433$ 。

同理得 χ^2 (enough, c_1) $=0.9869$, χ^2 (excellent, c_1) $=6.0759$, χ^2 (really, c_1) $=0.6413$ 。

虽然 funny、enough、excellent、really 四个单词均出现在褒义的影评文本中,且 funny 和 really 出现的次数较多,但通过上述 χ^2 值的计算结果可知 χ^2 (excellent, c_1)的值最大,说明特征词 excellent 与褒义影评文本的关联性最强。上述结果与实际语义分析的结果一致,因此选择 funny 和 excellent 作为褒义类别的特征词。

χ^2 统计是文本分类中相对比较稳定、精确的一种方法,但是其对低频特征词的分类效果不理想。

传统的 χ^2 统计方法只计算了特征词在所有文本中出现的次数,没有考虑特征词在某一文档中出现的频数,导致起重要作用的特征词的 $\chi^2(t,C_i)$ 值不大。因此,引入频度因子 α 进行调节,由此解决传统 χ^2 统计中低频特征词不可靠的问题,频度公式如式(3 – 15)所示。

在式(3 – 10)中乘以频度因子 α ,得

$$\tilde{\chi}^2(t,C_i) = \frac{N(AD - BC)^2}{(A + B)(A + C)(C + D)(B + D)} \cdot \alpha(t,C_i) \quad (3 - 17)$$

通过频度因子 α 的调节,运算结果中考虑了词频的影响,分类更合理。

3.5 基于 $MIDF(t)$ 的短文本特征权重计算方法

通常情况下,网络上的影评属于短文本,文本中可供抽取的信息词量较少,而对文本分类不起作用的停用词比例相对较大,产生了向量维度高和特征稀疏这两大难题,因而研究难度更大。针对短文本的自身特点,笔者课题组综合考虑样本在正类和负类中的分布情况,结合反文档频率和相关性频率的特点,提出 $MIDF(t)$ 方法作为短文本特征权重的计算方法。

3.5.1 传统的 MI 与 IDF

将影评文本分为褒义文本和贬义文本两类,并将褒义文本视为"正类"(Positive Category,PC),将贬义文本视为"负类"(Negative Category,NC)。

传统的互信息公式如式(3 – 6)所示。

传统的反文档频率公式如式(3 – 3)所示。

3.5.2 基于 $MIDF(t)$ 的短文本特征权重计算

MI 方法往往去除掉了一些高频特征项,而选取了许多稀有特征项,导致分类精度低。由于既要考虑特征项在单个样本中的分布,又要考虑文本的类别特征,笔者课题组将 MI 与 IDF 方法相结合,提出一种针对短文本的特征选择方法,计算公式如下:

$$MIDF(t) = MI(t,C_i) \cdot IDF(t) = \lg \frac{P(t,C_i)}{P(t) \cdot P(C_i)} \cdot \lg\left(\frac{N}{n} + 0.01\right)$$

$$(3 - 18)$$

将公式进一步化简为：

$$MIDF(t) = MI(t,C_i) \cdot IDF(t) = \lg \frac{P(t,C_i)}{P(t)} \cdot \lg\left(\frac{N}{n} + 0.01\right)$$

$$(3 - 19)$$

后面章节中将给出 $MIDF(t)$ 方法的仿真实验结果，并与其他方法做比较分析。

3.6　仿真实验

本节针对前面提出的各种特征选择方法进行仿真实验，并进行数值分析。

3.6.1　选择文本

笔者课题组从一些英文网站中选出 800 条具有情感色彩（褒义或贬义）的影评，将这些文本分为 c_1 和 c_2 两类（ c_1 代表褒义，c_2 代表贬义）。在类别 c_1 和 c_2 中分别抽取 300 条和 200 条文本作为训练样本，其余 200 条褒义文本和 100 条贬义文本作为测试样本。

3.6.2　特征选择

分别应用 3.2 ~ 3.5 节改进后的特征选择方法对本文进行特征选择。

3.6.3　选择分类器

K 最近邻（KNN:K - Nearest Neighbor）分类算法是一种传统的模式识别算法，其分类精度较高，且不需要因加入新的训练文本而重新训练，简单易操作。因此，笔者课题组采用 K 最近邻分类算法进行短文本分类仿真。

3.6.4 评价方法

判断一种分类方法的优劣,通常采用准确率、召回率和 $F1$ 测试值进行评价:

$$准确率 = \frac{分类的正确文本数}{实际分类文本数} \qquad (3-20)$$

$$召回率 = \frac{分类的正确文本数}{应有文本数} \qquad (3-21)$$

$$F1 = \frac{2 \times 准确率 \times 召回率}{准确率 + 召回率} \qquad (3-22)$$

表 3-2   分类效果比较

	准确率	召回率	$F1$
$TF(t, d_i)$	0.3389	0.3571	0.347762
$\tilde{TF}(t, d_i)$	0.4153	0.4687	0.440387
$\chi^2(t, c)$	0.7320	0.8152	0.771363
$\tilde{\chi}^2(t, c)$	0.7749	0.8363	0.80443
$MI(t, C_i)$	0.6792	0.6860	0.682583
$\tilde{MI}(t, C_i)$	0.7045	0.7261	0.715137
$IDF(t)$	0.6528	0.6697	0.661142
$MIDF(t)$	0.8047	0.8413	0.822593

由表 3-2 可以看出,改进后的各种特征选择方法与原特征选择方法相比,分类效果均有所提高。其中词频和互信息方法虽经改进,但仍没有传统 χ^2 统计的分类效果好。改进的 χ^2 统计和 $MIDF(t)$ 方法的分类效果最好。

第4章　基于 SVM 的分类问题

4.1　支持向量机

支持向量机是基于统计学习理论和结构风险最小化原则的一种有监督的模式识别学习方法,广泛应用于统计分类以及回归分析等问题中。其由于具有很强的泛化能力,已成为机器学习领域的研究热点,并解决了诸多实际问题。

4.1.1　线性可分问题

标准的支持向量机只能处理二分类问题,即已知存在训练集 $T = \{(x_1, y_1),(x_2,y_2),\cdots,(x_n,y_n)\}$,其中,$x_i \in R^n (i = 1,2,\cdots,n)$ 为训练样本,$y_i \in \{-1,+1\}$ 为该训练样本对应的样本类别。求解二分类问题就是确定一个分类函数 $lable(x)$,使 R^m 空间上的点被分为两类。

如图 4-1 所示,支持向量机的主要工作是寻求最优超平面 $wx + b = 0$,不仅能将两类问题准确分开,还能使两类问题间隔最大。

对分类线 $wx + b = 0$ 进行归一化处理,使样本集满足不等式:$y_i(\langle w,x_i \rangle + b) \geqslant 1$, $i = 1,2,\cdots,n$。其中 $\langle w,x_i \rangle$ 表示向量 w 与向量 x_i 的内积,n 表示训练样本总数。$\langle w,x_i \rangle + b = 0$ 是样本点的最优超平面,称 $y_i(\langle w,x_i \rangle + b) = 1 (i = 1,2,\cdots,n)$ 上的点为支持向量(SV)。

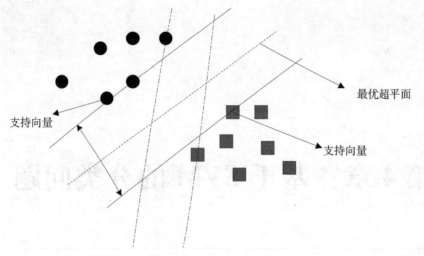

图 4 - 1 寻求最优超平面

如图 4 - 1 所示，几何间隔等于 $\dfrac{2}{\|w\|}$，则最大几何间隔等于 $\max(\dfrac{2}{\|w\|})$，相当于求 $\min(\dfrac{1}{2}\|w\|^2)$。因此，最优超平面的问题就转化为 w 与 b 的二次规划问题：

$$\min(\frac{1}{2}\|w\|^2)$$

$$s.t.\ y_i(\langle w,x_i \rangle + b) \geqslant 1,\ i = 1,2,\cdots,n \tag{4-1}$$

一般情况下，将上述二次规划问题转化为对偶问题进行求解，再通过求解下列拉格朗日函数的鞍点来确定式(4-1)的最优解：

$$L(w,\alpha,b) = \frac{1}{2}\|w\|^2 + \sum_{i=1}^{n}\alpha_i y_i(\langle w,x_i \rangle + b),\ i = 1,2,\cdots,n \tag{4-2}$$

其中，$\alpha_i \geqslant 0$ 为拉格朗日算子。

求 $L(w,\alpha,b)$ 对 w 和 b 的偏导，并令其等于 0：

$$\begin{cases} \dfrac{\partial L}{\partial w} = 0 \Rightarrow w = \sum_{i=1}^{n}\alpha_i y_i x_i \\[2mm] \dfrac{\partial L}{\partial b} = 0 \Rightarrow \sum_{i=1}^{n}\alpha_i y_i = 0 \end{cases} \tag{4-3}$$

将式(4-3)代入式(4-2)，则将式(4-1)转化为式(4-1)的对偶二次规划问题：

$$\max \sum_{i=1}^{n} \alpha_i - \frac{1}{2} \sum_{i=1}^{n} \sum_{j=1}^{n} \alpha_i \alpha_j y_i y_j \langle x_i, x_j \rangle$$

$$s.t. \sum_{i=1}^{n} y_i \alpha_i = 0, \alpha_i \geqslant 0, \ i = 1,2,\cdots,n$$

$$\alpha_i [y_i (\langle \omega, x_i \rangle + b) - 1] = 0, \ i = 1,2,\cdots,n \tag{4-4}$$

其中，α_i 是满足 KKT 定理互补条件的互补松弛因子。只有使 $\alpha_i \neq 0$（α_i^*）的样本才是支持向量，因此将计算过程简化为下式：

$$\begin{cases} w^* = \sum_{i=1}^{n} \alpha_i^* y_i x_i \\ b^* = y_i - \sum_{i=1}^{n} \alpha_i^* y_i \langle x_i, x_j \rangle \end{cases} \tag{4-5}$$

由此得到最优分类决策函数：

$$lable(x) = \text{sgn}(\langle w^*, x_i \rangle + b^*) = \text{sgn}\left\{ \sum_{i=1}^{n} \alpha_i^* y_i \langle x_i, x \rangle + b^* \right\} \tag{4-6}$$

其中，sgn 为符号函数。

将待分类的样本 x 代入式（4-6）就可以计算出 x 所属的类别种类。

4.1.2 线性不可分问题

线性不可分问题是无法找到可以将已知的训练样本集合以绝对零差错划分的最优分类超平面。一种解决办法是使用软件，如图 4-2 所示。

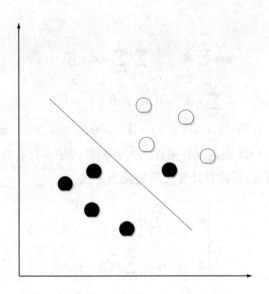

图 4 - 2 使用软件解决线性不可分问题

另一种解决办法是找到合适的核函数,将原来不可分的特征空间映射到可分的高维空间,即由图 4 - 3 映射到图 4 - 4。

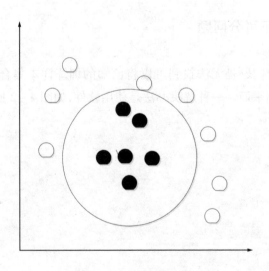

图 4 - 3 寻找合适的核函数

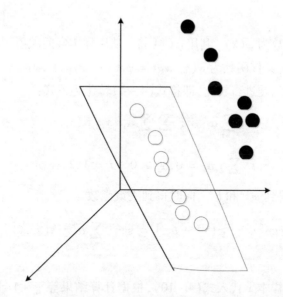

图 4 - 4 将原来不可分的特征空间映射到可分的高维空间

则约束条件的二次优化问题转化为:

$$\min \frac{1}{2} \parallel w \parallel^2 + C \sum \xi_i \qquad (4-7)$$

$$y_i(\langle w, x_i \rangle + b) \geqslant 1 - \xi_i, \ i = 1, 2, \cdots, n \qquad (4-8)$$

其中,C 是可以通过算法算出的最优选择常数,用于调节分类器差错的容忍程度,ξ_i 为松弛变量,$\xi_i \geqslant 0$。

对偶二次函数化为:

$$\max \sum_{i=1}^{n} \alpha_i - \frac{1}{2} \sum_{i=1}^{n} \sum_{j=1}^{n} \alpha_i \alpha_j y_i y_j \langle x_i, x_j \rangle$$

$$s.t. \sum_{i=1}^{n} y_i \alpha_i = 0, 0 \leqslant \alpha_i \leqslant C, \ i = 1, 2, \cdots, n \qquad (4-9)$$

4.1.3 核方法

如果在原样本空间中没有找到合适的最优分类超平面,没有达到理想的分类效果,则可以根据支持向量机的思想,将原样本空间 $x \in R^n$ 映射到一个高维度的希尔伯特(Hilbert)空间中,在这个高维度的 Hilbert 空间中寻求最优分类超平面。

假设映射函数为 $\varphi(x)$，利用 $\varphi(x)$ 将 x 从原样本空间映射到一个高维度的 Hilbert 空间，并定义核函数为 $K(x_1,x_2) = \varphi_1(x) \cdot \varphi_2(x)$，则将高维空间中的寻求最优超平面的问题进行转化，即将式(4-4)转化为下式：

$$\max \sum_{i=1}^{n} \alpha_i - \frac{1}{2} \sum_{i=1}^{n} \sum_{j=1}^{n} \alpha_i \alpha_j y_i y_j K(x_i, x_j)$$

$$s.t. \sum_{i=1}^{n} y_i \alpha_i = 0, \alpha_i \geqslant 0, \ i = 1,2,\cdots,n \qquad (4-10)$$

同理，求解得到 w^* 和 b^*，同时得到决策函数

$$f(x) = \mathrm{sgn}[w^* \cdot \varphi(x) + b^*] = \mathrm{sgn}\{\sum_{i=1}^{n} \alpha_i^* y_i K(x_i, x) + b^*\}$$

$$(4-11)$$

将待分类的样本 x 代入式(4-10)，根据计算结果等于 +1 或 -1 来判断 x 所属的类别。

一般有以下四类函数可以作为核函数：

(1)线性核函数

$$K(x_i, x_j) = x_i \cdot x_j$$

(2)多项式核函数

$$K(x_i, x_j) = [(x_i \cdot x_j) + 1]^q$$

(3)RBF 核函数

$$K(x_i, x_j) = \exp\{-\frac{|x_j - x_i|^2}{\sigma^2}\}$$

(4)Sigmoid 核函数

$$K(x_i, x_j) = \tanh[v(x_i \cdot x_j) + c]$$

传统的支持向量机在解决分类问题上，会出现每一个训练样本点必须要属于某一类的情况。

$$f(x) = \begin{cases} -1 & (\text{A 类}) \\ 1 & (\text{B 类}) \end{cases}$$

选取不同的训练样本点对分类结果的影响程度是不同的。有些训练集中存在某些点对分类结果的影响很大，而同时也存在一些点对分类结果的影响很小，一些甚至是微不足道的。这就要求在处理分类问题时，必须将那些"重要

的点"正确分类,同时可以忽略那些带有"噪声"的点或距离类中心很远的孤立点。在这样的意义下,训练样本点不再严格属于两类中的某一类,而可能存在下列情况:某一个训练样本点 90% 的可能属于某一类,10% 的可能不属于这一类;另外一个样本点 80% 的可能属于某一类,20% 的可能不属于这一类。这就是传统支持向量机存在的拒分和误分缺陷。

4.2 应用 MATLAB 的 SVM 仿真实验

笔者课题组应用 MATLAB 对 SVM 进行仿真实验。

SVM 非线性回归通用程序如下所示。

```
     Editor - D:\Notebook-D\My_PHD_Result\Matlab\SVM\newSVM\SVMNR1.m
    File  Edit  Text  Go  Cell  Tools  Debug  Desktop  Window  Help
                                                                      Stack: Base          ƒx
         −  1.0   +   ÷  1.1   ×

 1    function [Alpha1, Alpha2, Alpha, Flag, B]=SVMNR1 (X, Y, Epsilon, C, TKF)
 2    %%
 3    %  SVMNR.m
 4    %  Support Vector Machine for Nonlinear Regression
 5    %  ChengAihua, PLA Information Engineering University, ZhengZhou, China
 6    %  Email:aihuacheng@gmail.com
 7    %  All rights reserved
 8    %%
 9    %  支持向量机非线性回归通用程序
10    %  程序功能:
11    %  使用支持向量机进行非线性回归，得到非线性函数y=f(x1, x2, …, xn)的支持向量解析式,
12    %  求解二次规划时调用了优化工具箱的quadprog函数。本函数在程序入口处对数据进行了
13    %  [-1, 1]的归一化处理，所以计算得到的回归解析式的系数是针对归一化数据的，仿真测
14    %  试需使用与本函数配套的Regression函数。
15    %  主要参考文献:
16    %  朱国强, 刘士荣等. 支持向量机及其在函数逼近中的应用. 华东理工大学学报
17    %  输入参数列表
18    %  X          输入样本原始数据，n×1的矩阵，n为变量个数，1为样本个数
19    %  Y          输出样本原始数据，1×1的矩阵，1为样本个数
20    %  Epsilon    ε 不敏感损失函数的参数，Epsilon越大，支持向量越少
21    %  C          惩罚系数，C过大或过小，泛化能力变差
22    %  TKF        Type of Kernel Function 核函数类型
23    %  TKF=1      线性核函数，注意：使用线性核函数，将进行支持向量机的线性回归
24    %  TKF=2      多项式核函数
25    %  TKF=3      径向基核函数
26    %  TKF=4      指数核函数
```

```
 27    %    TKF=5      Sigmoid核函数
 28    %    TKF=任意其它值，自定义核函数
 29    %   输出参数列表
 30    %    Alpha1    α系数
 31    %    Alpha2    α*系数
 32    %    Alpha     支持向量的加权系数（α－α*）向量
 33    %    Flag      1×1标记，0对应非支持向量，1对应边界支持向量，2对应标准支持向量
 34    %    B         回归方程中的常数项
 35    %------------------------------------------------------------
 36    %%
 37    %-------------------------数据归一化处理------------------------
 38 —  nntwarn off
 39 —  X=premnmx(X);
 40 —  Y=premnmx(Y);
 41    %%
 42    %%
 43    %-------------------------核函数参数初始化------------------------
 44 —  switch TKF
 45 —      case 1
 46          %线性核函数   K=sum(x.*y)
 47          %没有需要定义的参数
 48 —      case 2
 49          %多项式核函数  K=(sum(x.*y)+c)^p
 50 —          c=0.1;
 51 —          p=2;
 52 —      case 3
```

```
Editor - D:\Notebook-D\My_PHD_Result\Matlab\SVM\newSVM\SVMNR1.m

File  Edit  Text  Go  Cell  Tools  Debug  Desktop  Window  Help

                                                                    Stack: Base    ▼   fx

53          %径向基核函数  K=exp(-(norm(x-y))^2/(2*sigma^2))
54 -            sigma=10;
55 -        case 4
56          %指数核函数  K=exp(-norm(x-y)/(2*sigma^2))
57 -            sigma=10;
58 -        case 5
59          %Sigmoid核函数  K=1/(1+exp(-v*sum(x.*y)+c))
60 -            v=0.5;
61 -            c=0,
62 -        otherwise
63          %自定义核函数，需由用户自行在函数内部修改，注意要同时修改好几处!
64          %暂时定义为  K=exp(-(sum((x-y).^2)/(2*sigma^2)))
65 -            sigma=8;
66 -    end
67     %%
68     %%
69     %-----------------------构造K矩阵--------------------------------------
70 -    l=size(X,2);
71 -    K=zeros(l,l);%K矩阵初始化
72 -    for i=1:l
73 -        for j=1:l
74 -            x=X(:,i);
75 -            y=X(:,j);
76 -            switch TKF%根据核函数的类型，使用相应的核函数构造K矩阵
77 -                case 1
78 -                    K(i,j)=sum(x.*y);
```

```
Editor - D:\Notebook-D\My_PHD_Result\Matlab\SVM\newSVM\SVMNR1.m
File  Edit  Text  Go  Cell  Tools  Debug  Desktop  Window  Help
```

```matlab
79 -                case 2
80 -                    K(i,j)=(sum(x.*y)+c)^p;
81 -                case 3
82 -                    K(i,j)=exp(-(norm(x-y))^2/(2*sigma^2));
83 -                case 4
84 -                    K(i,j)=exp(-norm(x-y)/(2*sigma^2));
85 -                case 5
86 -                    K(i,j)=1/(1+exp(-v*sum(x.*y)+c));
87 -                otherwise
88 -                    K(i,j)=exp(-(sum((x-y).^2)/(2*sigma^2)));
89 -            end
90 -        end
91 -  end
92    %%
93    %%
94    %------------构造二次规划模型的参数H,Ft,Aeq,Beq,lb,ub------------
95    %支持向量机非线性回归，回归函数的系数，要通过求解一个二次规划模型得以确定
96    %lsg----
97 -  H=[K,-K;-K,K];
98 -  H=(H+H')/2;
99 -  Ft=[Epsilon*ones(1,1)-Y,Epsilon*ones(1,1)+Y];
100-  Aeq=[ones(1,1),-ones(1,1)];
101   %lsg----
102
103-  Beq=0;
104-  lb=eps.*ones(2*1,1);
```

```matlab
105 —    ub=C*ones(2*1,1);
106      %%
107      %%
108      %--------------调用优化工具箱quadprog函数求解二次规划--------------------
109 —    OPT=optimset;
110 —    OPT.LargeScale='off';
111 —    OPT.Display='off';
112
113      %lsg-------
114 —    [Gamma,Obj]=quadprog(H,Ft,[],[],Aeq,Beq,lb,ub,[],OPT);
115      %[Gamma,Obj]=fmincon('myfun',5.*ones(18,1),[],[],Aeq,Beq,lb,ub);
116      %lsg-------
117      %-----------------------整理输出回归方程的系数-----------------------
118 —    Alpha1=(Gamma(1:1,1))';
119      %lsg-------
120 —    Alpha2=(Gamma((1+1):end,1))';
121      %lsg-------
122
123 —    Alpha=Alpha1-Alpha2;
124 —    Flag=2*ones(1,1);
125      %---------------------------支持向量的分类-----------------------------
126 —    Err=0.000000000001;
127 —    for i=1:1
128 —        AA=Alpha1(i);
129 —        BB=Alpha2(i);
130 —        if (abs(AA-0)<=Err)&&(abs(BB-0)<=Err)
```

```
Editor - D:\Notebook-D\My_PHD_Result\Matlab\SVM\newSVM\SVMNR1.m
File  Edit  Text  Go  Cell  Tools  Debug  Desktop  Window  Help
```
Stack: Base

```
131 —              Flag(i)=0;%非支持向量
132 —          end
133 —          if (AA>Err)&&(AA<C-Err)&&(abs(BB-0)<=Err)
134 —              Flag(i)=2;%标准支持向量
135 —          end
136 —          if (abs(AA-0)<=Err)&&(BB>Err)&&(BB<C-Err)
137 —              Flag(i)=2;%标准支持向量
138 —          end
139 —          if (abs(AA-C)<=Err)&&(abs(BB-0)<=Err)
140 —              Flag(i)=1;%边界支持向量
141 —          end
142 —          if (abs(AA-0)<=Err)&&(abs(BB-C)<=Err)
143 —              Flag(i)=1;%边界支持向量
144 —          end
145 —     end
146      %%
147      %%
148      %--------------------计算回归方程中的常数项B--------------------
149 —    B=0;
150 —    counter=0;
151 —   for i=1:l
152 —        AA=Alpha1(i);
153 —        BB=Alpha2(i);
154 —        if (AA>Err)&&(AA<C-Err)&&(abs(BB-0)<=Err)
155             %计算支持向量加权值
156 —              SUM=0;
```

Editor - D:\Notebook-D\My_PHD_Result\Matlab\SVM\newSVM\SVMNR1.m

File Edit Text Go Cell Tools Debug Desktop Window Help

Stack: Base

```
157 -        for j=1:1
158 -            if Flag(j)>0
159 -                switch TKF
160 -                    case 1
161 -                        SUM=SUM+Alpha(j)*sum(X(:,j).*X(:,i));
162 -                    case 2
163 -                        SUM=SUM+Alpha(j)*(sum(X(:,j).*X(:,i))+c)^p;
164 -                    case 3
165 -                        SUM=SUM+Alpha(j)*exp(-(norm(X(:,j)-X(:,i)))^2/(2*sigma^2));
166 -                    case 4
167 -                        SUM=SUM+Alpha(j)*exp(-norm(X(:,j)-X(:,i))/(2*sigma^2));
168 -                    case 5
169 -                        SUM=SUM+Alpha(j)*1/(1+exp(-v*sum(X(:,j).*X(:,i))+c));
170 -                    otherwise
171 -                        SUM=SUM+Alpha(j)*exp(-(sum((X(:,j)-X(:,i)).^2)/(2*sigma^2)));
172 -                end
173 -            end
174 -        end
175         %lsg-----------
176 -        b=Y(i)-SUM-Epsilon;
177         %lsg-----------
178 -        B=B+b;
179 -        counter=counter+1;
180 -    end
181 -    if (abs(AA-0)<=Err)&&(BB>Err)&&(BB<C-Err)
182 -        SUM=0;
```

```
183 —          for j=1:1
184 —              if Flag(j)>0
185 —                  switch TKF
186 —                      case 1
187 —                          SUM=SUM+Alpha(j)*sum(X(:,j).*X(:,i));
188 —                      case 2
189 —                          SUM=SUM+Alpha(j)*(sum(X(:,j).*X(:,i))+c)^p;
190 —                      case 3
191 —                          SUM=SUM+Alpha(j)*exp(-(norm(X(:,j)-X(:,i)))^2/(2*sigma^2));
192 —                      case 4
193 —                          SUM=SUM+Alpha(j)*exp(-norm(X(:,j)-X(:,i))/(2*sigma^2));
194 —                      case 5
195 —                          SUM=SUM+Alpha(j)*1/(1+exp(-v*sum(X(:,j).*X(:,i))+c));
196 —                      otherwise
197 —                          SUM=SUM+Alpha(j)*exp(-(sum((X(:,j)-X(:,i)).^2)/(2*sigma^2)));
198 —                  end
199 —              end
200 —          end
201 —          b=Y(i)-SUM+Epsilon;
202            %lsg---------
203 —          B=B+b;
204            %lsg---------
205 —          counter=counter+1;
206 —      end
207 — end
208 — if counter==0
209 —      B=0;
210 — else
211 —      B=B/counter;
212 — end
213
214
215
```

第5章 基于 LS – SVM 的
分类问题

SVM 标准算法需要选择超平面参数,且当特征词数量较大时,构造的优化模型维度较高,导致运算变慢。

针对上述问题,Suykens 等人提出了最小二乘支持向量机。从损失函数着手,在其优化问题的目标函数中使用二范数,并利用等式约束条件代替 SVM 标准算法中的不等式约束条件,使得 LS – SVM 方法的优化问题的求解变为通过 Kuhn – Tucker 条件得到的一组线性方程组的求解。

5.1 基于 LS – SVM 的中文文本分类

在第 4 章基础之上,本节将给出基于 LS – SVM 分类的回归算法。

5.1.1 最小二乘支持向量机回归算法

设 $x_i \in R^n$ 为输入样本, $y_i \in R$ 为输出样本,则训练样本集为

$$D = \{(x_i, y_i) \mid y_i = f(x_i), i = 1, 2, \cdots, N\}$$

其中, $x_i \in R^n (i = 1, 2, \cdots, n)$ 为训练样本, $y_i \in \{-1, +1\}$ 为该训练样本对应的样本类别。

设最优超平面为

$$y = f(x) = \langle w, \varphi(x) \rangle + b$$

其中，$w \in R^n$ 为 Hilbert 空间中的权向量，$b \in R$ 为偏置。

支持向量机的目标是确定最优超平面，最小二乘支持向量机回归是要解决如下二次规划问题：

$$\min J(w,e) = \frac{1}{2} \parallel w \parallel^2 + \gamma \sum_{i=1}^{N} e_i^2$$

$$s.t. \ y_i = w^{\mathrm{T}} \varphi(x_i) + b + e_i \tag{5-1}$$

其中，e_i 为松弛变量，且 $e_i > 0$，$i = 1,2,\cdots,N$，γ 为惩罚因子。

引入拉格朗日乘子 $\alpha_i \in R$ 构建对偶问题的拉格朗日函数：

$$L(w,b,e,\alpha) = J(w,e) - \sum_{i=1}^{N} \alpha_i [\ w^{\mathrm{T}} \varphi(x_i) + b + e_i - y_i] = \tag{5-2}$$

$$\frac{1}{2} \parallel w \parallel^2 + \gamma \sum_{i=1}^{N} e_i^2 - \sum_{i=1}^{N} \alpha_i [\ w^{\mathrm{T}} \varphi(x_i) + b + e_i - y_i]$$

分别对拉格朗日函数式中的 w,b,ξ,α 求偏导，并令其偏导等于 0，推出：

$$\begin{cases} \dfrac{\partial L}{\partial w} = 0 \\[2mm] \dfrac{\partial L}{\partial b} = 0 \\[2mm] \dfrac{\partial L}{\partial e_i} = 0 \\[2mm] \dfrac{\partial L}{\partial \alpha_i} = 0 \end{cases} \Rightarrow \begin{cases} w = \displaystyle\sum_{i=1}^{N} \alpha_i \varphi(x_i) \\[2mm] -\displaystyle\sum_{i=1}^{N} \alpha_i = 0 \\[2mm] \gamma e_i = \alpha_i \\[2mm] w^{\mathrm{T}} \varphi(x_i) + b + e_i - y_i = 0 \end{cases} \tag{5-3}$$

式 (5-3) 是最优解的条件。

将式 (5-3) 转换为线性方程组形式，即为：

$$\begin{bmatrix} I & 0 & 0 & -Z^{\mathrm{T}} \\ 0 & 0 & 0 & -\vec{1}^{\mathrm{T}} \\ 0 & 0 & \gamma I & -I \\ Z & \vec{1} & I & 0 \end{bmatrix} \begin{bmatrix} w \\ b \\ e \\ \alpha \end{bmatrix} = \begin{bmatrix} 0 \\ 0 \\ 0 \\ y \end{bmatrix} \tag{5-4}$$

其中，$Z = [\varphi(x_1), \varphi(x_2), \cdots, \varphi(x_N)]^{\mathrm{T}}$，$e = [e_1, e_2, \cdots, e_N]^{\mathrm{T}}$，$y = (y_1, y_2, \cdots, y_N)^{\mathrm{T}}$，$\alpha = (\alpha_1, \alpha_2, \cdots, \alpha_N)^{\mathrm{T}}$，$\vec{1} = (1,1,\cdots,1)^{\mathrm{T}}$。

由 Mercer 条件

$$\Omega_{kj} = \varphi(x_k)^{\mathrm{T}}\varphi(x_j) = \psi(x_k,x_j) \quad k,j = 1,2,\cdots,N$$

消去 e 和 w,得到关于 α 和 b 的线性方程组形式,即为:

$$\begin{bmatrix} 0 & \vec{1}^{\mathrm{T}} \\ \vec{1} & \Omega + \gamma^{-1}I \end{bmatrix}\begin{bmatrix} b \\ \alpha \end{bmatrix} = \begin{bmatrix} 0 \\ y \end{bmatrix} \tag{5-5}$$

令 $A = \Omega + \gamma^{-1}I$,显见 A 是对称半正定矩阵,因此 A^{-1} 存在。

解线性方程组(5-5)得:

$$b = \frac{\vec{1}^{\mathrm{T}}A^{-1}y}{\vec{1}^{\mathrm{T}}A^{-1}\vec{1}}, \quad \alpha = A^{-1}(y-b1) \tag{5-6}$$

由于 $w = \sum_{i=1}^{N}\alpha_i\varphi(x_i)$,且 $\Omega_{kj} = \varphi(x_k)^{\mathrm{T}}\varphi(x_j) = \psi(x_k,x_j)$,可得:

$$f(x) = \sum_{i=1}^{N}\alpha_i\psi(x,x_i) + b \tag{5-7}$$

求出 α_i 和 b 的值即为方程组(5-5)的解,$f(x)$ 为所求的回归函数。

5.1.2 基于 LS-SVM 分类的回归算法

首先,在 LS-SVM 基础上,回归问题就是要解决如下二次规划问题:

$$\min J(w,e) = \frac{1}{2}\|w\|^2 + \gamma\sum_{i=1}^{N}e_i^2$$

$$s.t. \quad y_i = w^{\mathrm{T}}\varphi(x_i) + b + e_i$$

其中,$w \in R^n$ 为 Hilbert 空间中的权向量,e_i 为松弛变量,且 $e_i > 0$,$i = 1,2,\cdots,$ N,γ 为惩罚因子。

将 y_i 向上移动 ε,得

$$D^+ = \{(\varphi(x_i),y_i+\varepsilon), i = 1,2,\cdots,N\}$$

将 y_i 向下移动 ε,得

$$D^- = \{(\varphi(x_i),y_i-\varepsilon), i = 1,2,\cdots,N\}$$

作为二分类问题,将两类样本分别记为 -1 和 +1,由此定义新的训练样本集为

$$D = \{ (\varphi(x_i), y_i + \varepsilon, +1), i = 1, 2, \cdots, N \} \cup \{ (\varphi(x_i), y_i - \varepsilon, -1), i = 1, 2, \cdots, N \}$$

其中, $K(x_i, x_j) = \varphi^{\mathrm{T}}(x_i) \varphi(x_j)$ 是满足 Mercer 条件的核函数。

再应用 LS – SVM 分类算法求解最优超平面,即转化为下述优化问题:

$$\min J(\bar{w}, e) = \frac{1}{2} \| \bar{w} \|^2 + \gamma \sum_{i=1}^{2N} \bar{e}_i^2$$

$$s.t. \ \bar{y}_i (\bar{w}^{\mathrm{T}} z_i + \bar{b}) \geqslant 1 - \bar{e}_i \tag{5-8}$$

其中, e_i 为松弛变量,且 $e_i > 0$, $i = 1, 2, \cdots, l$, γ 为惩罚因子。

若 $\bar{w} \in R^{m+1}$, $z_i \in R^{m+1}$, 则式(5 – 8)可以表示为如下两个等式:

$$\bar{w}^{\mathrm{T}} z_i + \bar{b} = 1 - \bar{e}_i \ i = 1, 2, \cdots, l \ z_i \in D^+ \tag{5-9}$$

$$-\bar{w}^{\mathrm{T}} z_i - \bar{b} = 1 - \bar{e}_i \ i = 1, 2, \cdots, l \ z_i \in D^- \tag{5-10}$$

令 $\bar{w} = (w, w')$, 其中 $w \in R^m$, $w' = -1$, 则式(5 – 8)的目标函数变为:

$$\min J(w, \bar{e}) = \frac{1}{2} w^{\mathrm{T}} w + \frac{1}{2} + \gamma \sum_{i=1}^{2N} \bar{e}_i^2$$

相应的约束条件为:

$$w^{\mathrm{T}} \varphi(x_i) - y_i - \varepsilon + \bar{b} = 1 - \bar{e}_i, i = 1, 2, \cdots, N \tag{5-11}$$

$$-w^{\mathrm{T}} \varphi(x_i) + y_i - \varepsilon + \bar{b} = 1 - \bar{e}_i, i = 1, 2, \cdots, N \tag{5-12}$$

整理式(5 – 11)和式(5 – 12)得:

$$y_i = w^{\mathrm{T}} \varphi(x_i) + \bar{b} - \varepsilon - 1 + \bar{e}_i, i = 1, 2, \cdots, N \tag{5-13}$$

$$y_i = w^{\mathrm{T}} \varphi(x_i) + \bar{b} + \varepsilon + 1 - \bar{e}_i, i = 1, 2, \cdots, N \tag{5-14}$$

设 $e'_i = \begin{cases} -(\varepsilon + 1 - \bar{e}_i), z_i \in D^+ \\ \varepsilon + 1 - \bar{e}_i, z_i \in D^- \end{cases}$,

则式(5 – 15)可以表示为:

$$y_i = w^{\mathrm{T}} \varphi(x_i) + \bar{b} + e'_i, i = 1, 2, \cdots, N \tag{5-15}$$

相应的目标函数为:

$$\min J(w, e') = \frac{1}{2} w^{\mathrm{T}} w + \frac{1}{2} + \gamma \sum_{i=1}^{N} (1 + \varepsilon + e'_i)^2 + \gamma \sum_{i=1}^{N} (1 + \varepsilon - e'_i)^2$$

$$= \frac{1}{2} w^{\mathrm{T}} w + \frac{1}{2} + 2N(1 + \varepsilon)^2 + 2\gamma \sum_{i=1}^{N} (e'_i)^2 \tag{5-16}$$

令 $\bar{\gamma} = 2\gamma$ ，约去无影响常数项，得：

$$\min J(w,e') = \frac{1}{2}w^{\mathrm{T}}w + \bar{\gamma}\sum_{i=1}^{N}(e'_i)^2 \tag{5-17}$$

整理上述内容，将优化问题式(5-8)转换成如下形式：

$$\min J(w,e') = \frac{1}{2}w^{\mathrm{T}}w + \frac{1}{2} + 2N(1+\varepsilon)^2 + 2\gamma\sum_{i=1}^{N}(e'_i)^2$$

$$s.t. \quad y_i = w^{\mathrm{T}}\varphi(x_i) + \bar{b} + e'_i, i = 1,2,\cdots,N \tag{5-18}$$

5.1.3　基于 LS-SVM 回归的分类算法

LS-SVM 回归问题就是要解决如下优化问题：

$$\min J(w,e) = \frac{1}{2}\parallel w \parallel^2 + \gamma\sum_{i=1}^{N}e_i^2$$

$$s.t. \quad y_i = w^{\mathrm{T}}\varphi(x_i) + b + e_i$$

其中，$y_i \in \{-1, +1\}$。

当 $y_i = -1$ 时，

$$w^{\mathrm{T}}\varphi(x_i) + b + e_i = -1$$

即

$$w^{\mathrm{T}}\varphi(x_i) + b = -1 - e_i$$

两边同乘 y_i ，得：

$$y_i[w^{\mathrm{T}}\varphi(x_i) + b] = y_i(-1-e_i) = 1 + e_i$$

当 $y_i = +1$ 时，

$$w^{\mathrm{T}}\varphi(x_i) + b + e_i = 1$$

即

$$w^{\mathrm{T}}\varphi(x_i) + b = 1 - e_i$$

两边同乘 y_i ，得：

$$y_i[w^{\mathrm{T}}\varphi(x_i) + b] = y_i(1-e_i) = 1 - e_i$$

综上可设

$$e_i^* = \begin{cases} -e_i & ,y_i = -1 \\ e_i & ,y_i = +1 \end{cases}$$

则优化问题变形为：

$$\min J(w,e^*) = \frac{1}{2} \parallel w \parallel^2 + \gamma \sum_{i=1}^{N} (e_i^*)^2$$

$$s.t.\quad y_i[w^T\varphi(x_i) + b] = 1 - e_i^*$$

即转化为二分类的优化问题。

5.1.4　基于 LS – SVM 回归分类算法的中文文本分类

本节应用 LS – SVM 对中文车评和影评进行情感分类。

5.1.4.1　LS – SVM

设 $x_i \in R^n$ 为输入样本，$y_i \in R$ 为输出样本，则训练样本集为

$$D = \{(x_i,y_i) \mid y_i = f(x_i), i = 1,2,\cdots,l\}$$

设回归函数为

$$y = f(x) = \langle w,\varphi(x) \rangle + b$$

其中，$w \in R^n$ 为 Hilbert 空间中的权向量，$b \in R$ 为偏置。

为使训练样本点到超平面 $y = f(x) = \langle w,\varphi(x) \rangle + b$ 的欧氏距离最小，需要求解优化问题：

$$\min S(w,\xi) = \frac{1}{2} \parallel w \parallel^2 + \frac{C}{2} \sum_{i=1}^{l} \xi_i^2$$

$$s.t.\quad y_i[w^T\varphi(x_i) + b] = 1 - \xi_i$$

其中，ξ_i 为松弛变量，且 $\xi_i > 0$，$i = 1,2,\cdots,l$，C 为惩罚因子。

构建拉格朗日函数

$$L(w,b,\xi,\alpha) = \frac{1}{2} \parallel w \parallel^2 + \frac{C}{2} \sum_{i=1}^{l} \xi_i^2 + \sum_{i=1}^{l} \alpha_i \{y_i[w^T\varphi(x_i) + b] + \xi_i - 1\}$$

其中，$\alpha_i \in R$ 为拉格朗日乘子。

拉格朗日函数的极值应满足

$$\begin{cases} \dfrac{\partial L}{\partial w} = w + \displaystyle\sum_{i=1}^{l} \alpha_i y_i \varphi(x_i) = 0 \\[3mm] \dfrac{\partial L}{\partial b} = \displaystyle\sum_{i=1}^{l} \alpha_i y_i = 0 \\[3mm] \dfrac{\partial L}{\partial \xi_i} = C\xi_i + \alpha_i = 0 \\[3mm] \dfrac{\partial L}{\partial \alpha_i} = y_i [w^{\mathrm{T}} \varphi(x_i) + b] + \xi_i - 1 = 0 \end{cases}$$

整理上式,并转换为矩阵形式,即为

$$\begin{bmatrix} 0 & Y^{\mathrm{T}} \\ Y & A \end{bmatrix} \begin{bmatrix} b \\ \alpha \end{bmatrix} = \begin{bmatrix} 0 \\ 1 \end{bmatrix}$$

其中,$A = -y_i y_j K(x_i, x_j) - \dfrac{\delta_{ij}}{C}$,$\delta_{ij} = \begin{cases} 1, i=j \\ 0, i \neq j \end{cases}$,$Y = (y_1, y_2, \cdots, y_l)^{\mathrm{T}}$,$1 = (1, 1, \cdots, 1)^{\mathrm{T}}$。

求出 α 和 b 的值分别为 α^* 和 b^*,则 LS - SNM 可以表示为

$$f(x) = -\sum_{i=1}^{l} \alpha_i^* y_i K(x, x_i) + b^*$$

其中,$K(x_i, x_j) = \varphi^{\mathrm{T}}(x_i)\varphi(x_j)$ 是满足 Mercer 条件的核函数。

5.1.4.2 仿真实验

(1)文本的预处理

将出现频率高但对文本分类贡献极小或不影响文本分类的词汇去掉,包括连词、语气词等,如"和""与""的""呢""啊""很"等。

(2)特征选择

χ^2 统计公式为:

$$\chi^2(t, C_i) = \frac{N(AD - BC)^2}{(A+B)(A+C)(C+D)(B+D)} \tag{5-19}$$

其中,N 表示训练文本总数,A 表示包含特征词 t 且属于类别 C_i 的文档数,B 表示包含特征词 t 且不属于类别 C_i 的文档数,C 表示不包含特征词 t 但属于类别 C_i 的文档数,D 表示既不包含特征词 t 又不属于类别 C_i 的文档数。

(3)特征权重

应用 Boolean 函数计算特征权重:

$$w(t,d) = \begin{cases} 1, \text{特征词 } t \text{ 在文档 } d \text{ 中出现} \\ 0, \text{特征词 } t \text{ 在文档 } d \text{ 中未出现} \end{cases}$$

（4）选取核函数

将 RBF 核函数 $K(x_i,x_j) = \exp\left[-\dfrac{\|x_i - x_j\|^2}{2\delta^2}\right]$ 作为核函数，对训练集进行分类训练。

（5）仿真评价

正面查准率：$\dfrac{\text{正例测试文档被正确分类数}}{\text{系统判断正例文档总数}} = \dfrac{a}{c_1}$。

正面召回率：$\dfrac{\text{正例测试文档被正确分类数}}{\text{实际应为正例文档总数}} = \dfrac{a}{d_1}$。

负面查准率：$\dfrac{\text{负例测试文档被正确分类数}}{\text{系统判断负例文档总数}} = \dfrac{b}{c_2}$。

负面召回率：$\dfrac{\text{负例测试文档被正确分类数}}{\text{实际应为负例文档总数}} = \dfrac{b}{d_2}$。

综合准确率：$\dfrac{a + b}{c_1 + c_2}$。

表 5 - 1　中文车评分类效果比较

	SVM	LS - SVM
系统判断正例文档总数	200	200
正例测试文档被正确分类数	136	138
系统判断负例文档总数	100	100
负例测试文档被正确分类数	49	49
综合准确率	61.7%	62.3%

表 5 - 2　中文影评分类效果比较

	SVM	LS – SVM
系统判断正例文档总数	300	300
正例测试文档被正确分类数	181	175
系统判断负例文档总数	200	200
负例测试文档被正确分类数	130	86
综合准确率	62.2%	52.2%

　　由表 5 - 1 可见,针对中文车评,LS – SVM 模型的情感分类效果稍好于 SVM 模型的情感分类效果。

　　遗憾的是,由表 5 - 2 可见,针对中文影评,LS – SVM 模型的情感分类效果令人失望,分析原因,可能是 LS – SVM 产生的稀疏性问题导致的。

5.2　基于 SLS – SVM 的中文语篇情感分类

5.2.1　最小二乘支持向量机(LS – SVM)

　　设 $x_i \in R^n$ 为输入样本, $y_i \in R$ 为输出样本,则训练样本集为

$$D = \{(x_i, y_i) \mid y_i = f(x_i), i = 1, 2, \cdots, N\}$$

其中, $x_i \in R^n (i = 1, 2, \cdots, n)$ 为训练样本, $y_i \in \{-1, +1\}$ 为该训练样本对应的样本类别。

　　设最优超平面为

$$y = f(x) = \langle w, \varphi(x) \rangle + b$$

其中, $w \in R^n$ 为 Hilbert 空间中的权向量, $b \in R$ 为偏置。

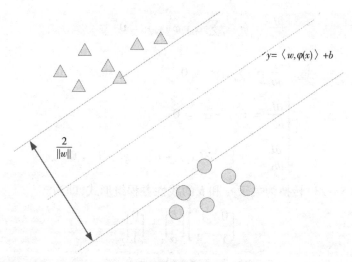

图 5 – 1　支持向量机几何示意图

支持向量机的目标是确定最优超平面 $y = \langle w, \varphi(x) \rangle + b$ ，如图 5 – 1 所示。使支持向量的几何间距 $\dfrac{2}{\parallel w \parallel}$ 最大，因此可以转化为如下二次规划问题：

$$\min S(w,e) = \frac{1}{2} \parallel w \parallel^2 + \gamma \sum_{i=1}^{N} e_i^2$$

$$s.t.\ y_i [w^{\mathrm{T}} \varphi(x_i) + b] \geqslant 1 - e_i \qquad (5-20)$$

其中，e_i 为松弛变量，且 $e_i > 0$，$i = 1,2,\cdots,l$，γ 为惩罚因子。

将式(5 – 20)中的不等式约束转换成等式约束：

$$\min S(w,\xi) = \frac{1}{2} \parallel w \parallel^2 + \frac{C}{2} \sum_{i=1}^{N} \xi_i^2$$

$$s.t.\ y_i [w^{\mathrm{T}} \varphi(x_i) + b] = 1 - \xi_i \qquad (5-21)$$

其中，ξ_i 为松弛变量，且 $\xi_i > 0$，$i = 1,2,\cdots,l$，C 为惩罚因子。

为解决问题(5 – 21)，引入拉格朗日乘子 $\alpha_i \in R$ 构建拉格朗日函数

$$L(w,b,\xi,\alpha) = \frac{1}{2} \parallel w \parallel^2 + \frac{C}{2} \sum_{i=1}^{N} \xi_i^2 + \sum_{i=1}^{N} \alpha_i \{ y_i [w^{\mathrm{T}} \varphi(x_i) + b] + \xi_i - 1 \}$$

$$(5-22)$$

分别对式(5 – 22)中的 w,b,ξ,α 求偏导，并令其偏导等于 0，即

$$\begin{cases} \dfrac{\partial L}{\partial w} = w - \displaystyle\sum_{i=1}^{N} \alpha_i y_i \varphi(x_i) = 0 \\[2mm] \dfrac{\partial L}{\partial b} = \displaystyle\sum_{i=1}^{N} \alpha_i y_i = 0 \\[2mm] \dfrac{\partial L}{\partial \xi_i} = C\xi_i - \alpha_i = 0 \\[2mm] \dfrac{\partial L}{\partial \alpha_i} = y_i[w^{\mathrm{T}}\varphi(x_i) + b] + \xi_i - 1 = 0 \end{cases} \qquad (5-23)$$

将式(5-23)转换为关于 α 和 b 的线性方程组形式,即为

$$\begin{bmatrix} 0 & Y^{\mathrm{T}} \\ Y & A \end{bmatrix} \begin{bmatrix} b \\ \alpha \end{bmatrix} = \begin{bmatrix} 0 \\ 1 \end{bmatrix} \qquad (5-24)$$

其中, $A = y_i y_j K(x_i, x_j) + \dfrac{\delta_{ij}}{C}$, $\delta_{ij} = \begin{cases} 1, i=j \\ 0, i \neq j \end{cases}$, $Y = (y_1, y_2, \cdots, y_N)^{\mathrm{T}}$, $1 = (1,1,\cdots,1)^{\mathrm{T}}$ 。

求出 α 和 b 的值分别为 α^* 和 b^* ,得到 LS-SVM 最优分类表达式为

$$f(x) = \sum_{i=1}^{N} \alpha_i^* y_i K(x, x_i) + b^* \qquad (5-25)$$

其中, $K(x_i, x_j) = \varphi^{\mathrm{T}}(x_i)\varphi(x_j)$ 是满足 Mercer 条件的核函数。

常用的核函数有:

线性核函数 $K(x_i, x_j) = x_i \cdot x_j$;

RBF 内核函数 $K(x_i, x_j) = \exp\left\{-\dfrac{|x_j - x_i|^2}{\sigma^2}\right\}$;

Sigmoid 内核函数 $K(x_i, x_j) = \tanh[v(x_i \cdot x_j) + c]$ 。

5.2.2　稀疏最小二乘支持向量机(SLS-SVM)

分类超平面仅与样本中少量的 SVM 有关,一般将 SVM 的这种特征称为稀疏性。基于 Suyken 提出的剪裁法(Pruning),将式(5-24)转换成下列方程组:

$$\begin{cases} \sum_{i=1}^{N} \alpha_i y_i = 0 \\ \sum_{i=1}^{N} \left[\alpha_i y_i y_j \varphi(x_i) \varphi(x_j) \right] + by_i + \dfrac{\alpha_i}{C} = 1 \\ i = 1,2,\cdots,N \end{cases} \quad (5-26)$$

式(5 – 26)用矩阵形式表示为:

$$\begin{bmatrix} 0 & y_1 & \cdots & y_l \\ y_1 & y_1 y_1 K(x_1,x_1) + \dfrac{1}{C} & \cdots & y_1 y_N K(x_1,x_N) \\ \vdots & \vdots & \ddots & \vdots \\ y_l & y_N y_1 K(x_N,x_1) & \cdots & y_N y_N K(x_N,x_N) + \dfrac{1}{C} \end{bmatrix} \begin{bmatrix} b \\ \alpha_1 \\ \vdots \\ \alpha_N \end{bmatrix} = \begin{bmatrix} 0 \\ 1 \\ \vdots \\ 1 \end{bmatrix}$$

$$(5-27)$$

以中文影评作为中文语篇情感分类的样本。

Step1 设 $N_1 = N$,其中 N 为给定的训练样本数;

Step2 将 N_1 代入式(5 – 27),运用 LS – SVM 算法训练;

Step3 求解式(5 – 27),剔除 $|\alpha_i| < M$ 的训练样本,其中 M 为阈值,取自 $|\alpha_i|$ 的 0.05 或 0.1 分位数;

Step4 保留 $|\alpha_i| \geqslant M$ 的样本,设其数量为 N_2 ;

Step5 设 $N_1 = N_2$,返回 Step2,直至性能指标满足要求为止,从而得到改进的分类器——SLS – SVM。

5.2.3　仿真实验

因为中文影评样本不需要进行量纲处理,因此应用 MATLAB 中 LS – SVM-lab 工具箱进行仿真实验的步骤如下:

Step1:创建数据文件。本书利用 csvread 函数可以从 ∗ ∗.csv 格式的文件中调用数据。

Step2:设定参数。 $gam = 10$; $sig2 = 0.5$ 。

Step3:算法训练。选用 RBF 核函数,应用 trainlssvm 函数实现模型。

Step4：模型测试。应用 simlssvm 函数验证模型精度。

分别构建 SLS – SVM、LS – SVM 和 SVM 分类模型进行预测，对比结果如表 5 – 3 所示，其中分类准确率的计算式为：分类准确率 = 分类正确的样本数/分类样本总数 ×100%。

表 5 – 3　分类效果对比表

	SLS – SVM	LS – SVM	SVM
分类样本总数	300	300	300
分类正确的样本数	211	155	185
分类准确率	70.33%	51.67%	61.67%

在 SVM 的基础上，LS – SVM 在目标函数中添加了误差平方项，并将约束条件中的不等式改为等式，从而将复杂的二次规划问题转换为简单的线性方程问题，并应用"剪裁法"构建 SLS – SVM 模型，解决了 LS – SVM 产生的稀疏性问题。对比分类效果，突出了 SLS – SVM 方法的优越性。

5.2.4　小结

5.3 节和 5.4 节中均应用 simlssvm 函数验证模型精度，见下图。

```matlab
function [Alpha1, Alpha2, Alpha, Flag, B]=SVMNR1(X, Y, Epsilon, C, TKF)
%%
% SVMNR. m
% Support Vector Machine for Nonlinear Regression
% ChengAihua, PLA Information Engineering University, ZhengZhou, China
% Email:aihuacheng@gmail.com
% All rights reserved
%%
% 支持向量机非线性回归通用程序
% 程序功能:
% 使用支持向量机进行非线性回归,得到非线性函数y=f(x1, x2, …, xn)的支持向量解析式,
% 求解二次规划时调用了优化工具箱的quadprog函数。本函数在程序入口处对数据进行了
% [-1,1]的归一化处理,所以计算得到的回归解析式的系数是针对归一化数据的,仿真测
% 试需使用与本函数配套的Regression函数。
% 主要参考文献:
% 朱国强,刘士荣等.支持向量机及其在函数逼近中的应用.华东理工大学学报
% 输入参数列表
% X        输入样本原始数据, n×1的矩阵, n为变量个数, 1为样本个数
% Y        输出样本原始数据, 1×1的矩阵, 1为样本个数
% Epsilon  ε不敏感损失函数的参数, Epsilon越大, 支持向量越少
% C        惩罚系数, C过大或过小, 泛化能力变差
% TKF      Type of Kernel Function 核函数类型
% TKF=1    线性核函数,注意:使用线性核函数,将进行支持向量机的线性回归
% TKF=2    多项式核函数
% TKF=3    径向基核函数
% TKF=4    指数核函数
% TKF=5    Sigmoid核函数
```

```
Editor - D:\Notebook-D\My_PHD_Result\Matlab\SVM\LS-SVMlab1.5\simlssvm.m
File  Edit  Text  Go  Cell  Tools  Debug  Desktop  Window  Help
```

```
28    %
29    %      Outputs
30    %         Yt              : Nt x m matrix with predicted output of test data
31    %         Zt(*)           : Nt x m matrix with predicted latent variables of a classifier
32    %      Inputs
33    %         X               : N x d matrix with the inputs of the training data
34    %         Y               : N x 1 vector with the outputs of the training data
35    %         type            : 'function estimation' ('f') or 'classifier' ('c')
36    %         gam             : Regularization parameter
37    %         sig2            : Kernel parameter (bandwidth in the case of the 'RBF_kernel')
38    %         kernel(*)       : Kernel type (by default 'RBF_kernel')
39    %         preprocess(*)   : 'preprocess'(*) or 'original'
40    %         alpha(*)        : Support values obtained from training
41    %         b(*)            : Bias term obtained from training
42    %         Xt              : Nt x d inputs of the test data
43    %
44    %
45    %      2. Using the object oriented interface:
46    %
47    % >> [Yt, Zt, model] = simlssvm(model, Xt)
48    %
49    %      Outputs
50    %         Yt              : Nt x m matrix with predicted output of test data
51    %         Zt(*)           : Nt x m matrix with predicted latent variables of a classifier
52    %         model(*)        : Object oriented representation of the LS-SVM model
53    %      Inputs
54    %         model           : Object oriented representation of the LS-SVM model
```

```
Editor - D:\Notebook\DM\实HD\R实战.M建设\BSVM\LS-SVM\simlsvm.lo
File  Edit  Text  Go  Cell  Tools  Debug  Desktop  Window  Help

55    %         Xt         : Nt x d matrix with the inputs of the test data
56    %
57    % See also:
58    %    trainlssvm, initlssvm, plotlssvm, code, changelssvm
59
60
61    % Copyright (c) 2002, KULeuven-ESAT-SCD, License & help @ http://www.esat.kuleuven.ac.be/sista/lssvmlab
62
63
64    %
65    % control inputs
66    %
67 -- if iscell(model),
68 --    iscell_model = 1;
69 --    model = initlssvm(model{:});
70 -- if iscell(Xt),
71 --    model.alpha = Xt {1};
72 --    model.b = Xt {2};
73 --    model.status = 'trained';
74 --    eval('Xt = A3;',' ');
75 -- end
76 --    eval('nb_to_sim = A4;', 'nb_to_sim = size(Xt, 1)-model.x_delays;');
77 --    Yt = [];
78 -- else
79 --    iscell_model = 0;
80 -- if nargin>3,
81 --    Yt = A3;
```

```
82 —        eval('nb_to_sim = A4;','nb_to_sim = size(Xt,1)-model.x_delays;');
83 —      else
84 —        eval('nb_to_sim = A3;','nb_to_sim = size(Xt,1)-model.x_delays;');
85 —        Yt =[];
86 —      end
87 —    end
88
89 —    eval('Xt;','error(''Test data Xtest undefined...'');');
90
91      %
92      % check dimensions
93      %
94 —    if size(Xt,2)~=model.x_dim,
95 —      error('dimensions of new datapoints Xt not equal to trainingsset...');
96 —    end
97 —    if ~isempty(Yt) & size(Yt,2)~=model.y_dim,
98 —      error('dimensions of new targetpoints Yt not equal to trainingsset...');
99 —    end
100
101
102     %
103     % preprocessing ...
104     %
105 —   if model.preprocess(1)=='p',
106 —     [Xt,Yt] = prelssvm(model,Xt,Yt);
107 —   end
108
```

```
109    %
110    % if dimension of output >1
111    %
112 —  if model.y_dim>1,
113 —    if length(model.kernel_type)>1 | size(model.kernel_pars,2)>1 | size(model.gam,2)==model.y_dim,
114      %disp('multi dimensional output...');
115 —    fprintf('m');
116 —    [Y Yl] = simmultidimoutput(model,Xt,Yt,nb_to_sim);
117 —    if iscell_model,  model = Yl;  end
118 —      return
119 —    end
120 —  end
121
122    %
123    % train if status is not 'trained'
124    %
125 —  if model.status(1)~='t',  % not 'trained'
126 —    model = trainlssvm(model);
127 —  end
128
129    %
130    % set parameters: how much points to evaluate and to simulate
131    %
132 —  if (model.type(1)=='c'),
133 —    nb_sim = nb_to_sim;
```

```
Editor - D:\Notebook-D\My_PHD_Result\Matlab\SVM\newSVM\SVMNR1.m
File  Edit  Text  Go  Cell  Tools  Debug  Desktop  Window  Help
```

```matlab
136 -         if (abs(AA-0)<=Err)&&(BB>Err)&&(BB<C-Err)
137 -             Flag(i)=2;%标准支持向量
138 -         end
139 -         if (abs(AA-C)<=Err)&&(abs(BB-0)<=Err)
140 -             Flag(i)=1;%边界支持向量
141 -         end
142 -         if (abs(AA-0)<=Err)&&(abs(BB-C)<=Err)
143 -             Flag(i)=1;%边界支持向量
144 -         end
145 -     end
146     %%
147     %%
148     %--------------------计算回归方程中的常数项B--------------------
149 -   B=0;
150 -   counter=0;
151 - ┌ for i=1:1
152 -         AA=Alpha1(i);
153 -         BB=Alpha2(i);
154 -         if (AA>Err)&&(AA<C-Err)&&(abs(BB-0)<=Err)
155             %计算支持向量加权值
156 -             SUM=0;
157 -     eval('Y = simFILE(model,''buffer.mc'',Xt,Yt);',...
158             ['model = changelssvm(model,''implementation'',''MATLAB'');' ...
159             'fprintf(''converting now to MATLAB implementation...'');']);
160 -     end
161
162 -     if strcmpi(model.implementation, 'MATLAB'),
```

```
Editor - D:\Notebook-D\My_PHD_Result\Matlab\SVM\LS-SVMlab1.5\simlssvm.m
File  Edit  Text  Go  Cell  Tools  Debug  Desktop  Window  Help

163 -      if (model.type(1)=='c'),  Y=simClass(model,Xt);        % classification
164 -      elseif (model.type(1)=='f'), Y=simFct(model,Xt);  % function estimation
165 -          end
166 -      end
167
168        %
169        % for classification
170        %
171 -      Y1 = Y;
172 -      if model.type(1)=='c' & strcmp(model.latent,'no'),
173 -          Y = 2*(Y>0)-1;
174 -      end
175
176        %
177        % postprocessing...
178        %
179
180 -      if model.preprocess(1)=='p' & ~(model.type(1)=='c' & strcmp(model.latent,'yes')),
181 -          [X,Y] = postlssvm(model,[],Y);
182 -      end
183
184        %
185        % decode if multiclass
186        %
187
188 -      if model.type(1)=='c' & ~strcmpi(model.codetype,'none' ) & ~strcmpi(model.latent,'yes')),
189 -          Y = codelssvm(model,Y);
```

Editor - D:\Notebook<D:\My_PHD_Result\Matlab\sVM\LS-SVMlab1.5\simlssvm.m

File Edit Text Go Cell Tools Debug Desktop Window Help

Stack: Base ▼

```
190 —        end
191
192        %
193
194        % Function Estimation
195        %
196      □ function Y = simFct(model, X)
197      □  %
198      |  %
199      |  %
200 —    |  kx = kernel_matrix(model.xtrain(model.selector, 1:model.x_dim), model.kernel_type, model.kernel_pars, X);
201 —    └  Y = kx'*model.alpha(:, 1:model.y_dim)+ones(size(kx, 2), 1)*model.b(:, 1:model.y_dim);
202
203
204
205        %
206        % Classification
207      □ function Y = simClass(model, X)
208      □  %
209      |  %
210      |  %
211 —    |  kx = kernel_matrix(model.xtrain(model.selector, 1:model.x_dim), ...
212                model.kernel_type, model.kernel_pars, X);
213 —    └  Y = kx'*(model.alpha(model.selector, 1:model.y_dim).*model.ytrain(model.selector, 1:model.y_dim))+ones(size(kx, 2), 1)*model.b(:, 1:model.y_dim);
214
215        %
216
```

```matlab
Editor - D:\Notebook-D\My_PHD_Result\Matlab\SVM\LS-SVM\lab1.5\simlssvm.m*
File  Edit  Text  Go  Cell  Tools  Debug  Desktop  Window  Help
```

```matlab
217   %
218   %
219   function [Yt, Yl] = simmultidimoutput(model, Xt, Y, n)
220   %
221   % what to do if output multidimensional?
222   %
223
224   Yt = []; Yl = [];
225   for d=1:model.y_dim,
226       eval(' gam = model.gam(:,d);',' gam = model.gam;');
227       eval(' sig2 = model.kernel_pars(:,d);',' sig2 = model.kernel_pars;');
228       eval(' kernel = model.kernel_type(d);',' kernel=model.kernel_type;');
229       % not yet timeseries nor NARX
230       [Ytn Yln] = simlssvm((model.xtrain, model.ytrain(:,d), model.type, gam, sig2, kernel,' original'), [model.alpha(:,d), model.b(d)], Xt);
231
232       Yt = [Yt Ytn]; Yl = [Yl Yln];
233   end
234
235   % postprocessing...
236   if model.preprocess(1)=='p' & ~(model.type(1)=='c' & strcmp(model.latent,'yes')),
237       [X, Yt] = postlssvm(model, [], Yt);
238   end
239
240   % decode if multiclass
241   if model.type(1)=='c' & ~strcmpi(model.codetype,'none') & ~strcmpi(model.code,'original'),
242       Yt = codelssvm(model, Yt);
243   end
```

5.3 应用 SLS – SVM 的英语语篇分类

LS – SVM 在进行文本分类时,常常达不到令人满意的分类效果,为了解决 SLS – SVM 产生的稀疏性问题,提高文本分类的精度,本节应用 SLS – SVM 方法进行英语语篇的分类,提高了英语语篇的分类精度和抗噪性。仿真结果表明,在进行英语语篇分类时,SLS – SVM 的分类效果更好。

5.3.1 引言

在突发公共卫生危机的情况下,人们希望快速掌握各方面所受的影响,因此,将英语语篇分类为"与突发公共卫生危机有关"和"与突发公共卫生危机无关"的两大类语篇,再将"与突发公共卫生危机有关"的语篇分为 Economy、Environment、Communication、Education、Medical 等小类,是亟待解决的问题,本节将就此展开研究。

5.3.2 最小二乘支持向量机(LS – SVM)

过程同 5.2.1。

5.3.3 稀疏最小二乘支持向量机(SLS – SVM)

过程同 5.2.2。

5.3.4 仿真实验

为了应用二分类器 SLS – SVM 实现英语语篇的多分类,本文采用 Cuckoo Search (CS)算法。

分别构建 SLS – SVM、LS – SVM 和 SVM 分类模型进行预测,对比结果如表 5 – 4 所示。其中分类准确率的计算式为:分类准确率 = 分类正确的样本数/分

类样本总数 ×100% 。

表 5 – 4　分类效果对比表

	SLS – SVM	LS – SVM	SVM
分类样本总数	465	465	465
类正确的样本数	327	242	289
分类准确率	70.32%	52.04%	62.15%

　　对比表 5 – 4 中的分类准确率,突出了 SLS – SVM 方法进行英语语篇分类的优越性。

第6章　基于 FSVM 的分类问题

2002 年,Lin 等人提出了模糊支持向量机(FSVM)算法。针对 SVM 推广到多类分类时存在的一些混分和漏分样本的问题,FSVM 引入模糊因子以提高分类精度,即给每个样本都赋予一个模糊隶属度值,这样不同的样本对决策函数的学习有不同的贡献,以减小外部的影响。

在 SVM 的基础上,引进模糊隶属度函数,对噪声或野点样本分别赋予较小的隶属度值,降低了它们对情感识别结果的影响。模糊隶属度函数和参数的选取对情感状态的分类识别影响重大,样本的隶属度值由样本聚集程度和数据点与类中心距离相结合的联合模糊函数决定。每个样本的隶属度值一定程度上反映了样本的类型归类情况,影响了样本在情感识别过程中所起的作用,减弱了野点样本对分类的影响,提高了情感状态识别效果。

6.1　应用模糊支持向量机进行英文情感分类

普通集合的特征函数定义为

$$X_A(x) = \begin{cases} 0, x \in A \\ 1, x \notin A \end{cases}$$

模糊集合特征函数定义为 $\mu_A(x) = [0,1]$ 中任一值 $\mu_A(x)$ 为隶属度。

通过引入模糊隶属度函数,则可以对不同样本选取不同权重,通过样本模糊隶属度的值来确定该样本隶属某一类的程度。为提高 SVM 抗噪能力,模糊最小二乘支持向量机(FLS – SVM)最优超平面转化成如下约束优化问题:

$$\min \frac{1}{2} \parallel w \parallel^2 + C \sum \xi_i S_i (\sigma \leqslant S_i \leqslant 1)(\sigma\ 为任意小正数, S_i\ 为隶属度)$$

$$s.t.\ y_i [\omega \cdot \varphi(x_i) + b] - 1 \geqslant \xi_i (i = 1,2,\cdots,n)\xi_i \geqslant 0$$

其中，S_i 越小，$S_i \xi_i$ 分类错误越小。

构造拉格朗日函数，可将上述优化问题转化为其对偶问题：

$$\max Q(\alpha) = \sum_{i=1}^{n} \alpha_i - \frac{1}{2} \sum_{i=1}^{n} \sum_{j=1}^{n} \alpha_i \alpha_j y_i y_j K(x_i, x_j)$$

$$s.t.\ \sum_{i=1}^{n} y_i \alpha_i = 0, \alpha_i \geqslant 0 (i = 1,2,\cdots,n)\ ;$$

$$\alpha_i (y_i (\omega \cdot \varphi(x_i))) - 1 + \xi_i = 0\ ;$$

$$(CS_i - \alpha_i)\xi_i = 0\ ;$$

$$0 \leqslant \alpha_i \leqslant C(i = 1,2,\cdots,n)$$

其中，$K(x_i, x_j)$ 为核函数。

从上式可以看出，样本模糊隶属度函数的构造直接影响模糊因子 S_i 的大小，而模糊因子的值恰好是决定 SVM 分类性能优劣的关键。设定样本的模糊因子是 FSVM 应用的难点，如果设定不合理，那么在降低分类的精度上可能起反作用。目前，对样本模糊因子的设计尚没有系统的指导理论及方法。其中 α_i 为每个约束条件对应的拉格朗日乘子，得到最优分类函数为

$$f(x) = \text{sgn} \left\{ \sum_{i=1}^{n} \alpha_i^* y_i K(x_i, x) + b^* \right\}$$

其中，α_i^* 为最优解，只有一部分 α_i^* 不等于 0，其对应的训练点为支持向量（SV）；$b^* = y_j - \sum_{i=1}^{n} \alpha_i^* y_j (x_i, x_j)$ 为分类的阈值，它可以由任意一个支持向量计算求得。

对于未知 x，只需计算 $f(x)$ 即可判定 x 所属分类。可以引入松弛变量 ξ_i，惩罚参数 C，其中 C 越小越重视最大间隔这个目标，C 越大经验风险越小，越重视分类误差。

以影评作为语料库。笔者研究团队从以提供电影相关评论、资讯和新闻为主的英文网站，中选出 800 条具有情感色彩（其中 500 条具有褒义色彩和 300 条具有贬义色彩）的影评作为语料库。

6.1.1 文本预处理

文本预处理就是剔除类别色彩不明显的中性词以及没有实际意义的虚词，从而得到易于计算机处理的文本。本文的预处理如下：

（1）去停用词：在对英文文本进行情感分析过程中，去停用词指的是过滤掉一些频繁使用但没有实际意义的词，目的是为了降低特征选择属性维度，以减少系统的计算量，提高分析结果的准确率。在英文文本中，停用词主要包括数词、冠词、介词、感叹词等。例如，常见的英文停用词有 of、the、under、and、but、can、you、one、next 等。有时，在实际应用中，也可以考虑去掉一些具有实际意义但对分析结果影响不大的实词，如书文在后续的设计实验中对电影评审文本进行情感分析时，相关的评审词汇对本文的分析来说是很重要的，如 exciting、nicely、boring 等，这些词作为情感分析的特征而被保留。而电影中出现的一些相关人名则是不重要的，这些词都可作为停用词而去掉。

另外，英文单词有的有现在分词、过去分词、第三人称单数等多种形式，如keeping、kept、keeps 等；还有一些词有一般级、比较级、最高级等多种形式，如good、better、best 等。尽管它们的形式有差别，但词干一致，因而统计时当作同一个词来进行处理。

文本预处理是为了形成一个较好的原始文本对收集到的素材消除噪音、过滤标签等工作。

（2）800 条影评中的褒义词 beautifully、best、entertainment 等共计 325 个，同时统计这 325 个词在 800 条影评的出现频率数，如附表 6-1 所示。贬义词waste、bad、bore 等 372 个，并统计这 372 个词在 800 条影评的出现频率数，如附表 6-2 所示。800 条影评中还出现了一些不确定褒贬意的特征词，并统计了这些词的出现频率数，如附表 6-3 所示。

6.1.2 特征选择

χ^2 统计是度量特征词 t 与类别 C_i 之间关联程度的方法。χ^2 统计的公式如式（3-10）所示。

笔者课题组从相关英文网站中选出 800 条具有情感色彩(褒义或贬义)的影评作为训练文本,即 $N = 800$。将这些文本分为褒义文本和贬义文本两类,类别 c_1 代表褒义,类别 c_2 代表贬义,则类别数 $n = 2$。在类别 c_1 和 c_2 中分别抽取 300 条和 200 条文本作为训练样本,其余 200 条褒义文本和 100 条贬义文本作为测试样本。

$\chi^2(\text{beautifully}, c_1) = 27.2655$,通过编程计算其他特征项的值,将数值从大到小排序,选出前 19 位的褒义单词作为褒义特征项,前 21 位的贬义单词作为贬义特征项。

6.1.3 特征权重计算

特征权重的计算方法有布尔权重函数、频数开根号函数、TF 函数、IDF 函数、$TFIDF$ 函数等。

布尔权重函数是最简单的特征权重表示方法,若特征词 t 的布尔权重值为 1,就表示该特征词在文档 d 中出现;反之,表示该特征词在文档 d 中不出现。其表达式如下:

$$w(t,d) = \begin{cases} 1, \text{特征词 } t \text{ 在文档 } d \text{ 中出现} \\ 0, \text{特征词 } t \text{ 在文档 } d \text{ 中不未出现} \end{cases}$$

本节采用布尔权重函数。

6.1.4 仿真实验和结果分析

选择 300 条褒义文本作为训练样本,200 条褒义文本作为测试样本,200 条贬义文本作为训练样本,100 条贬义文本作为测试样本,采用不同核函数和不同惩罚系数作对比试验。

6.1.4.1 训练集

$$T = \{(x_1, y_1, \alpha_1), (x_2, y_2, \alpha_2), \cdots, (x_n, y_n, \alpha_n)\}$$

$$x_i \in R^n, y_i \in Y = \{-1, 1\}, 0 < \alpha_i \leqslant 1, i = 1, 2, \cdots, n$$

不同核函数	测试样本	识别数
线性	200	190
多项	200	192
径向基	200	194
内核	200	195

线性核函数 C 值	测试样本	识别数
1	200	186
100	200	185
200	200	194
Inf	200	187

6.1.4.2 效果评价指标

正面查准率： $\dfrac{\text{正例测试文档被正确分类数}}{\text{系统判断正例文档总数}} = \dfrac{a}{c_1}$ 。

正面召回率： $\dfrac{\text{正例测试文档被正确分类数}}{\text{实际应为正例文档总数}} = \dfrac{a}{d_1}$ 。

负面查准率： $\dfrac{\text{负例测试文档被正确分类数}}{\text{系统判断负例文档总数}} = \dfrac{b}{c_2}$ 。

负面召回率： $\dfrac{\text{负例测试文档被正确分类数}}{\text{实际应为负例文档总数}} = \dfrac{b}{d_2}$ 。

综合准确率： $\dfrac{a+b}{c_1+c_2}$ 。

分别计算综合准确率都达到了 80% 以上。分类效果良好。实验结果表明：

(1)利用 FSVM,分类达到了更好的效果。

(2)此模型是可行的,并且使 SVM 有了更好的推广能力和更精细的分类效果①。

6.2　基于 FSVM 的中文语篇情感分类

在 6.1 节的基础上,以中文影评作为语料库,从中选出 800 条具有情感色彩(其中 500 条具有褒义色彩和 300 条具有贬义色彩)的中文影评作为语料库。

6.2.1　文本预处理

本书第二章已给出中文文本预处理的基本方法,在此不再赘述。

6.2.2　特征选择

χ^2 统计是度量特征词 t 与类别 C_i 之间关联程度的方法。χ^2 统计的公式如式(3 – 10)所示。

从相关网站中选出 800 条具有情感色彩(褒义或贬义)的影评作为训练文本,即 $N = 800$。将这些文本分为褒义文本和贬义文本两类,类别 c_1 代表褒义,类别 c_2 代表贬义,则类别数 $n = 2$。在类别 c_1 和 c_2 中分别抽取 300 条和 200 条文本作为训练样本,其余 200 条褒义文本和 100 条贬义文本作为测试样本。

6.2.3　特征权重计算

特征权重的计算方法有布尔权重函数、频数开根号函数、TF 函数、IDF 函数、$TFIDF$ 函数等。

布尔权重函数是最简单的特征权重表示方法,若特征词 t 的布尔权重值为 1,就表示该特征词在文档 d 中出现;反之,表示该特征词在文档 d 中不出现。其表达式如下:

---

① 丛瑞雪,崔可鸿.应用模糊支持向量机进行英文情感分类[J].数学的实践与认识,2016,46(1):197 – 201.

$$w(t,d) = \begin{cases} 1, \text{特征词 } t \text{ 在文档 } d \text{ 中出现} \\ 0, \text{特征词 } t \text{ 在文档 } d \text{ 中不未出现} \end{cases}$$

本节采用布尔权重函数。

6.2.4 仿真实验和结果分析

正面查准率：$\dfrac{\text{正例测试文档被正确分类数}}{\text{系统判断正例文档总数}} = \dfrac{a}{c_1}$。

正面召回率：$\dfrac{\text{正例测试文档被正确分类数}}{\text{实际应为正例义档总数}} = \dfrac{a}{d_1}$。

负面查准率：$\dfrac{\text{负例测试文档被正确分类数}}{\text{系统判断负例文档总数}} = \dfrac{b}{c_2}$。

负面召回率：$\dfrac{\text{负例测试文档被正确分类数}}{\text{实际应为负例文档总数}} = \dfrac{b}{d_2}$。

综合准确率：$\dfrac{a+b}{c_1+c_2}$。

分别计算综合准确率都达到了80%以上。分类效果良好。实验结果表明：

（1）利用 FSVM，分类达到了更好的效果。

（2）此模型是可行的，并且使 SVM 有了更好的推广能力和更精细的分类效果[1]。

表6-1 中文影评分类效果对比表

	FSVM	SLS - SVM	LS - SVM	SVM
系统判断正例文档总数	300	300	300	300
正例测试文档被正确分类数	226	206	175	181
系统判断负例文档总数	200	200	200	200
负例测试文档被正确分类数	150	145	86	130
分类准确率	75.2%	70.2%	52.2%	62.2%

---

① 丛瑞雪,崔可鸿.应用模糊支持向量机进行英文情感分类[J].数学的实践与认识,2016,46(1):197-201.

由表 6 - 1 可见,FSVM 的中文影评分类效果最好。

6.3　基于 FLS – SVM 的中文语篇情感分类

6.3.1　FLS – SVM

SVM 有效地解决了小样本、高维度和局部极值问题,提高学习机的泛化能力,因此被广泛应用于各个领域。在 SVM 的应用过程中,样本数据越多,相应的规划问题越复杂,运算速度因此降低。为了解决此问题,Suykens 等人提出 LS – SVM 算法,将复杂的二次规划问题转换为简单的线性方程问题,虽然提高了运算速度,但是训练精度随之降低。笔者课题组在由浅入深的研究过程中,将模糊隶属度函数引入 LS – SVM 中,通过计算样本的模糊隶属度来确定该样本隶属某一类的程度。

设训练样本集

$$D = \{(x_i, y_i) \mid y_i = f(x_i), i = 1, 2, \cdots, l\}$$

其中,输入样本 $x_i \in R^n$,输出样本 $y_i \in R$, $y_i = 1$ 或 $y_i = -1$ 表示两分类问题的所属分类正类或负类。

回归函数

$$y = f(x) = \langle w, \varphi(x) \rangle + b$$

其中,Hilbert 中的权向量 $w \in R^n$, 偏置 $b \in R$ 。

LS – SVM 方法的经验风险函数以最小化训练样本点到超平面 $y = f(x) = \langle w, \varphi(x) \rangle + b$ 的欧氏距离为目标,即求解优化问题

$$\min S(w, \xi) = \frac{1}{2} \| w \|^2 + \frac{C}{2} \sum_{i=1}^{l} \xi_i^2 \qquad (6-1)$$

$$s.t.\ \ y_i [w^{\mathrm{T}} \varphi(x_i) + b] = 1 - \xi_i \qquad (6-2)$$

其中 $i = 1, 2, \cdots, l$,松弛变量 $\xi_i > 0$, C 为惩罚因子,值越大经验风险越小,越重视分类误差。

在 LS – SVM 中引入模糊隶属度 μ_i ,约束条件不变,改进目标函数式(7 - 1),得到

$$\min S(w,\xi) = \frac{1}{2} \parallel w \parallel^2 + \frac{C}{2} \sum_{i=1}^{l} \mu_i \xi_i^2 \qquad (6-3)$$

$$s.\,t.\ \ y_i[w^{\mathrm{T}}\varphi(x_i) + b] = 1 - \xi_i$$

其中,μ_i 为隶属度($0 < \mu_i \leqslant 1$)。

为便于求解,引入拉格朗日函数

$$L(w,b,\xi,\alpha) = \frac{1}{2} \parallel w \parallel^2 + \frac{C}{2} \sum_{i=1}^{l} \mu_i \xi_i^2 + \sum_{i=1}^{l} \alpha_i \{ y_i[w^{\mathrm{T}}\varphi(x_i) + b] + \xi_i - 1 \}$$

$$(6-4)$$

其中,$\alpha_i \in R$ 为拉格朗日乘子。

拉格朗日函数的极值应满足

$$\begin{cases} \dfrac{\partial L}{\partial w} = w + \sum_{i=1}^{l} \alpha_i y_i \varphi(x_i) = 0 \\[2mm] \dfrac{\partial L}{\partial b} = \sum_{i=1}^{l} \alpha_i y_i = 0 \\[2mm] \dfrac{\partial L}{\partial \xi_i} = C\mu_i \xi_i + \alpha_i = 0 \\[2mm] \dfrac{\partial L}{\partial \alpha_i} = y_i[w^{\mathrm{T}}\varphi(x_i) + b] + \xi_i - 1 = 0 \end{cases} \qquad (6-5)$$

因此有

$$\begin{cases} w = -\sum_{i=1}^{l} \alpha_i y_i \varphi(x_i) \\[2mm] \sum_{i=1}^{l} \alpha_i y_i = 0 \\[2mm] \xi_i = -\dfrac{\alpha_i}{C\mu_i} \\[2mm] y_i[w^{\mathrm{T}}\varphi(x_i) + b] + \xi_i - 1 = 0 \end{cases} \qquad (6-6)$$

消去 w 和 ξ_i ,得

$$\begin{bmatrix} 0 & Y^{\mathrm{T}} \\ Y & A \end{bmatrix} \begin{bmatrix} b \\ \alpha \end{bmatrix} = \begin{bmatrix} 0 \\ 1 \end{bmatrix} \qquad (6-7)$$

其中,$A = -y_i y_j K(x_i,x_j) - \dfrac{\delta_{ij}}{C\mu_i}$,

$$\delta_{ij} = \begin{cases} 1, i = j \\ 0, i \neq j \end{cases}, Y = \begin{bmatrix} y_1, y_2, \cdots, y_l \end{bmatrix}^{\mathrm{T}}, 1 = \begin{bmatrix} 1, 1, \cdots, 1 \end{bmatrix}^{T}$$

求出 α^* 和 b^*，则 FLS – SVM 可以表示为

$$f(x) = -\sum_{i=1}^{l} \alpha_i^* y_i K(x, x_i) + b^* \qquad (6-8)$$

其中，$K(x_i, x_j) = \varphi^{\mathrm{T}}(x_i)\varphi(x_j)$ 是满足 Mercer 条件的核函数。

本节采用了 RBF 核函数式(6 – 9)实现算法。

$$K(x_i, x_j) = \exp\left[-\frac{\parallel x_i - x_j \parallel^2}{2\delta^2} \right] \qquad (6-9)$$

6.3.2   仿真实验

以中文影评作为语料库，从中选出 800 条具有情感色彩(其中 500 条具有褒义色彩和 300 条具有贬义色彩)的中文影评作为语料库。

6.3.2.1   特征选择

χ^2 统计是度量特征词 t 与类别 C_i 之间关联程度的方法。χ^2 统计的公式如式(3 – 10)所示。

从相关网站中选出 800 条具有情感色彩(褒义或贬义)的影评作为训练文本，即 $N = 800$。将这些文本分为褒义文本和贬义文本两类，类别 c_1 代表褒义，类别 c_2 代表贬义，则类别数 $n = 2$。在类别 c_1 和 c_2 中分别抽取 300 条和 200 条文本作为训练样本，其余 200 条褒义文本和 100 条贬义文本作为测试样本。

6.3.2.2   特征权重计算

特征权重的计算方法有布尔权重函数、频数开根号函数、*TF* 函数、*IDF* 函数、*TFIDF* 函数等。

布尔权重函数是最简单的特征权重表示方法，若特征词 t 的布尔权重值为 1，就表示该特征词在文档 d 中出现；反之，表示该特征词在文档 d 中不出现。其表达式如下：

$$w(t, d) = \begin{cases} 1, 特征词 t 在文档 d 中出现 \\ 0, 特征词 t 在文档 d 中不未出现 \end{cases}$$

本节采用布尔权重函数。

6.3.2.3 仿真实验和结果分析

正面查准率：$\dfrac{\text{正例测试文档被正确分类数}}{\text{系统判断正例文档总数}} = \dfrac{a}{c_1}$。

正面召回率：$\dfrac{\text{正例测试文档被正确分类数}}{\text{实际应为正例文档总数}} = \dfrac{a}{d_1}$。

负面查准率：$\dfrac{\text{负例测试文档被正确分类数}}{\text{系统判断负例文档总数}} = \dfrac{b}{c_2}$。

负面召回率：$\dfrac{\text{负例测试文档被正确分类数}}{\text{实际应为负例文档总数}} = \dfrac{b}{d_2}$。

综合准确率：$\dfrac{a+b}{c_1+c_2}$。

分别计算综合准确率都达到了 80% 以上。分类效果良好。实验结果表明：

(1)利用 FSVM,分类达到了更好的效果。

(2)此模型是可行的,并且使 SVM 有了更好的推广能力和更精细的分类效果[①]。

表 6 - 2   中文影评分类效果对比表

	FLS - SVM	FSVM	SLS - SVM	LS - SVM	SVM
系统判断正例文档总数	300	300	300	300	300
正例测试文档被正确分类数	231	226	206	175	181
系统判断负例文档总数	200	200	200	200	200
负例测试文档被正确分类数	157	150	145	86	130
分类准确率	77.6%	75.2%	70.2%	52.2%	62.2%

由表 6 - 2 可见,基于 FLS - SVM 的中文影评分类效果最好。

---

① 丛瑞雪,崔可鸿. 应用模糊支持向量机进行英文情感分类[J]. 数学的实践与认识,2016,46(1):197 - 201.

附表 6 - 1　褒义特征词

特征词	褒义(500 条)次数	贬义(300 条)次数
safe	1	
breakthrough	1	
beautifully	43	0
finish	2	
delight	6	
charm	3	
moved	1	
quintessential	1	
beloved	2	
clear	4	
charm	7	
heartfelt	2	
innocent	2	
legendary	1	
best	34	1
awesome	16	
funny	30	0
great	62	0
amazing	18	
Finest	3	
Strong	16	
brilliant	7	
love	35	0
engaging	9	

续表

特征词	褒义(500条)次数	贬义(300条)次数
Fascinating	4	
enjoy	31	1
cheers	2	
good	60	1
enough	20	
entertainment	24	
star	29	
memorable	6	
high	18	
fly	3	
efficiently	2	
obvious	6	
upper	2	
ultimately	4	
interest	11	
nice	10	
development	2	
fulfills	3	
yes	5	
epic	8	
fantastic	2	
superhero	14	
Make sure	2	
excellent	11	

续表

特征词	褒义(500 条)次数	贬义(300 条)次数
surprise	21	
wonderfully	1	
available	1	
definitely	6	
terrific	1	
terribly	2	
godsend	2	
like	64	1
better	20	
heroes	7	
superb	4	
top	18	
best	35	
laughs	10	
grown	2	
fun	31	
handsome	2	
marvel	45	0
fighting	3	
relevant	1	
brilliantly	2	
nature	16	
pretty	13	
cleverly	2	

续表

特征词	褒义(500 条)次数	贬义(300 条)次数
conspicuously	2	
cuddly	2	
courtesy	2	
sweetness	2	
sweet	8	
humane	2	
creatively	1	
remarkably	3	
typically	5	
cuteness	2	
unforgettable	2	
astonishing	4	
lighthearted	3	
appeal	5	
really	35	1
happiness	1	
Highly	5	
Outstanding	2	
powerful	4	
highly	5	
largely	3	
happy	6	
truly	7	
well	30	

续表

特征词	褒义(500 条)次数	贬义(300 条)次数
hit	8	
remarkable	4	
moderately	1	
decent	4	
incredible	6	
bland	1	
out	97	
stand	21	
rightly	3	
glory	1	
celebrated	1	
sure	18	
looking	7	
forward	1	
success	10	
energetic	1	
clever	6	
laughing	4	
much	33	
hilarious	3	
horror	11	
A +	1	
distinctive	2	
appropriate	1	

续表

特征词	褒义(500条)次数	贬义(300条)次数
right	23	
satisfy	15	
sophisticated	3	
historical	8	
cinematic	7	
appreciate	2	
archaic	2	
cute	17	
forgiving	6	
regularly	2	
mildly	2	
re – imagining	2	
same – old	4	
essentially	2	
imaginative	3	
regressive	2	
feature – length	2	
colorful	2	
intellectual	2	
chess	2	
animated	9	
completely	3	
technically	2	
actually	10	

续表

特征词	褒义(500 条)次数	贬义(300 条)次数
alright	3	
absolutely	4	
intelligent	5	
magnificent	2	
comfortable	2	
slight	4	
high - minded	2	
fine	12	
exuberantly	2	
final	11	
often	16	
uproarious	4	
auspicious	2	
wonderful	3	
inventively	2	
artificial	2	
loathsome	2	
authentically	2	
enough	20	
dark	14	
excellent	11	
dopey	2	
handful	2	
truly	7	

续表

特征词	褒义(500 条)次数	贬义(300 条)次数
amusing	2	
politically	3	
agreeable	2	
timely	3	
pleasure	4	
effective	1	
insightful	1	
comedy	22	
emotive	1	
perfect	11	
impressive	1	
ingenious	1	
young	14	
emotionally	3	
erotically	1	
increase	2	
enigmatic	1	
eternally	1	
patience	1	
closest	2	
genuine	4	
modesty	1	
humor	11	
characters	24	

续表

特征词	褒义(500 条)次数	贬义(300 条)次数
applies	1	
new	26	
muscular	1	
assuredly	1	
rich	4	
rewarding	2	
resume	1	
leading	2	
brilliance	1	
intense	2	
joyous	1	
subtlety	2	
reminder	2	
harness	1	
impulses	1	
wilder	4	
well – suited	1	
poetic	1	
Gripping	2	
balance	8	
symbolism	1	
minds	2	
true	5	
specific	2	

续表

特征词	褒义(500 条)次数	贬义(300 条)次数
celebrity	1	
high – level	1	
win	55	
general	6	
admirable	1	
confined	1	
know	23	
genius	2	
faithful	4	
hope	8	
definitely	6	
bold	2	
bright	3	
possesses	1	
high – energy	1	
benefit	6	
necessary	2	
smart	7	
thanks	4	
free	3	
plenty	4	
expectations	3	
genre	9	
fashioned	2	

续表

特征词	褒义(500 条)次数	贬义(300 条)次数
hero	24	
thematic	1	
blockbuster	2	
welcome	3	
famous	3	
Thanks	4	
profitable	8	
emotional	4	
exciting	2	
intelligence	2	
reliable	2	
commodity	2	
higher	3	
standard	1	
effects	13	
wide – eyed	1	
fairly	4	
convincing	2	
existence	1	
characteristic	3	
faith	5	
inspired	3	
talent	3	
superiority	1	

续表

特征词	褒义(500 条)次数	贬义(300 条)次数
creates	2	
extensive	1	
elevates	1	
alluring	1	
thoughtful	2	
calculated	1	
reassure	1	
charitably	1	
heyday	1	
gorgeous	4	
lure	7	
striking	3	
strength	1	
modest	2	
bookish	1	
spunky	1	
sympathetic	1	
sobering	2	
glossed	1	
hoot	1	
decency	1	
sensitive	1	
blend	2	
conventional	2	

续表

特征词	褒义(500 条)次数	贬义(300 条)次数
stammering	1	
frequently	2	
experiential	1	
mild	2	
pleasures	1	
fit	9	
romance	2	
extraordinary	1	
production	4	
warm – hearted	2	
well – observed	1	
light – hearted	1	
groom	1	
masculinity	1	
trust	1	
resonance	1	
requisite	2	
breezy	1	
original	8	
significantly	1	
appealing	1	
bracing	2	
mettle	1	
virtue	3	

续表

特征词	褒义(500条)次数	贬义(300条)次数
gentle	1	
appreciating	1	
smartly	3	
sincere	3	
gorgeous	2	
Worth	12	
credible	7	
achieve	5	
adapt	1	
eminently	1	
opportunity	1	
freedom	2	
promoted	1	

附表 6-2　贬义特征词

特征词	次数
waste	8
hit	6
cheap	2
poor	8
lulled	1
warned	1
bad	18
murders	1

续表

特征词	次数
unstructured	1
bore	14
waffle	1
agony	1
over	30
fake	2
Dull	4
simple	2
mediocre	2
overuse	1
worst	11
too much	1
weird	3
laughable	3
really	38
dour	1
absurd	2
hard	7
detracts	1
painful	4
Sad	6
entertaining	3
holes	5
stupid	9

续表

特征词	次数
cringing	1
moronic	3
confuse	4
inconsistent	1
disaster	2
drab	6
wooden	1
repetitive	2
irritating	1
spouting	1
inaccuracies	1
unfortunately	6
anyones	1
disappointed	11
angry	1
nonsensical	2
fantasy	1
preposterous	4
atrocious	1
misguided	5
NOT	69
nothing	10
aware	3
terrible	3

续表

特征词	次数
fired	2
worn	2
tamper	2
provoking	2
baffles	2
Incoherent	4
holes	4
overlong	2
unfun	4
damn	2
bleak	1
too	20
drab	5
no	149
horrible	1
drawn	2
incest	3
depressing	5
blatant	1
disregard	1
provoking	1
amaze	1
moody	2
fails	5

续表

特征词	次数
build	3
let	25
down	11
flat	5
anything	9
awful	1
shallow	2
cliché	5
nerd	2
raunchy	1
tough	1
negative	1
desperate	3
mess	4
meager	1
hasty	1
abhorrence	1
gross	1
Pity	1
desperately	1
suffered	1
creaky	1
lumbering	1
dumb	8

续表

特征词	次数
implied	1
ruthless	1
frenetic	1
noisy	2
idiot	2
tired	5
pornography	1
furious	1
deaf	1
incompetence	1
loosely	1
pointless	4
falls	2
schizoid	1
cacophony	1
exhausted	1
insulting	2
escapism	1
lackluster	1
awkward	1
passionless	1
edgiest	1
sinister	4
insidious	2

续表

特征词	次数
unfulfilling	1
misfire	3
too lazy	1
remotely	3
demerits	1
dreadful	2
barely	2
plausible	1
enraging	1
hideously	1
deficient	1
incongruity	1
retrograde	1
embarrassing	1
obnoxious	1
criticism	1
any	44
overwritten	1
littered	2
glib	1
howler	1
cowriter	1
cribbed	1
overheated	1

续表

特征词	次数
rough	14
ponderously	1
needlessly	2
dopey	1
hilarious	2
burying	1
blustering	1
hardly	4
tame	1
talky	1
tepid	2
Suffering	1
inconsistency	1
contrived	3
sluggish	1
dank	1
amateurish	1
nonsense	2
mawkish	1
maudlin	1
tongue – tied	1
shopworn	1
hyperbolic	1
ostensible	1

续表

特征词	次数
tedious	2
Overrate	1
overexposed	1
overindulgent	1
Abandoned	1
derelict	1
meaninglessness	2
improbable	2
illogical	1
gratuitous	1
grim	1
frustrating	1
crudely	1
sloppily	1
tepidly	1
abject	1
irk	1
dippy	1
sentimental	2
overkill	1
tortuous	2
borderline	2
cliches	4
droppingly	1

续表

特征词	次数
idiotic	1
off – putting	1
irrationality	1
unoriginal	1
busily	1
overdoes	1
deviates	1
uncomfortable	1
condescending	1
trite	3
pander	1
buried	1
unfunnier	1
unremarkable	1
haphazardly	1
hotchpotch	1
saccharine	1
infidelity	2
schadenfreude	1
edgy	1
badly	1
moldering	1
weak	2
antagonistic	1

续表

特征词	次数
shapeless	1
independently	1
windy	1
shortchanges	1
heartless	1
twaddle	1
Lethargic	1
credulity	1
corrupts	1
fault	1
artificial	4
muddled	1
dramatic	1
lurching	1
unfathomable	1
stale	1
horrific	1
scoffs	1
unsuccessfully	2
shattering	2
poppycock	1
crashes	1
fearsome	1
dauntingly	2

续表

特征词	次数
breakdown	4
dumbness	1
exhausting	2
leaden	2
violate	2
marginalized	1
neglected	1
shame	1
jumbled	1
tangled	1
trouble	1
bureaucratic	1
hollow	1
nerdiest	1
mistake	1
unwilling	1
incapable	1
unwieldy	1
deluge	1
sadly	1
ugly	1
failing	1
romp	1
vapid	1

续表

特征词	次数
lowbrow	1
tiresome	1
pedestrian	1
kowtowing	1
detestable	1
paranoia	1
bloated	2
obsessed	1
fooled	2
peddling	2
bogus	2
poisonous	3
lie	16
preach	2
weirdness	2
sticky	1
preaching	1
meditation	1
slicker	1
succumbs	1
amuse	1
lack	12
freshness	1
overstuffed	1

续表

特征词	次数
lifeless	1
issues	1
riot	1
relentless	1
wilder	1
nuttier	1
sloppy	1
nobody	1
untimely	1
underwhelming	1
formless	1
disposable	1
unsavory	1
bothering	1
Excessively	1
hyperactive	2
dazzling	1
riddled	1
clunky	1
dim	3
clumsy	1
rare	7
ridiculously	1
forgettable	1

续表

特征词	次数
terrific	1
witless	1
accused	1
impulses	1
ludicrous	1
empty	1
failure	1
pallid	1
self – serious	1
trifle	1
miscast	1
dimmed	1
silly	1
tediously	1
downhill	1
mayhem	1
horrifying	1
unfulfilled	1
sliding	1
uninspired	1
degenerates	1
languid	1
unable	2
increase	1

续表

特征词	次数
pressure	1
manner	2
uneasy	2
originality	3
eerie	1
shuddered	1
pressure	1
creepy	2
disgust	1
disquiet	1
Sludgy	1
weaker	1
conflicts	1
excite	1
Divergent	7
low	20
puerile	1
horror	12
lampooned	1
scary	8
clarify	1
neapolitan	1
stupidly	1
seriously	3

续表

特征词	次数
just	34
little	16
any	44
non	14
none	4

附表 6 – 3　不确定褒贬义的特征词

特征词	次数
astonishingly	1
excuse	1
sucks	3
less	37
cruelly	1
incessant	1
fodder	1
gag – worthy	1
busy	2
endurance	1
hoariest	1
scratches	1
wack	1
drab	6
ramshackle	1
spilling	1

续表

特征词	次数
diminished	1
creepy	2

第7章 基于支持向量机的葡萄酒多分类研究

本章以"2012年高教社杯全国大学生数学建模竞赛赛题A题"[①]为例,介绍支持向量机在葡萄酒分类中的应用。

确定葡萄酒质量时一般是通过聘请一批有资质的评酒员进行品评。每个评酒员在对葡萄酒进行品尝后对其分类指标打分,然后求和得到其总分,从而确定葡萄酒的质量。酿酒葡萄的好坏与所酿葡萄酒的质量有直接的关系,葡萄酒和酿酒葡萄检测的理化指标会在一定程度上反映葡萄酒和葡萄的质量。题中给出了某一年份一些葡萄酒的评价结果,还分别给出了该年份这些葡萄酒的和酿酒葡萄的成分数据。请尝试建立数学模型讨论下列问题:

(1)分析题中两组评酒员的评价结果有无显著性差异,哪一组结果更可信?

(2)根据酿酒葡萄的理化指标和葡萄酒的质量对这些酿酒葡萄进行分级。

(3)分析酿酒葡萄与葡萄酒的理化指标之间的联系。

(4)分析酿酒葡萄和葡萄酒的理化指标对葡萄酒质量的影响,并论证能否用葡萄和葡萄酒的理化指标来评价葡萄酒的质量?

为研究葡萄酒的评价问题,分析酿酒葡萄、葡萄酒的理化指标以及葡萄酒质量三者的相互影响,建立以下数学模型。

针对要求(1),运用统计学知识、分析方差等统计量,采用 T 检验方法,建立

---

① http://www.mcm.edu.cn/problem/2012/cumcm2012problems.rar

模型一,应用 SPSS 软件求解,得到两组评酒员的评价结果具有显著性差异,第二组评酒员的评价结果更可信。

针对要求(2),为了给酿酒葡萄进行分级,运用主成分分析法,建立模型二,应用 SPSS 软件求得各酿酒葡萄的主成分得分,由此将酿酒葡萄分成三个等级。

针对要求(3),建立统计回归模型,应用 MATLAB 软件得出酿酒葡萄与葡萄酒的理化指标间的线性关系。

针对要求(4),在第三问的基础上,进一步分析酿酒葡萄和葡萄酒的理化指标对葡萄酒质量的影响,建立层次分析模型,应用 MATLAB 软件求解得到评价模型。

表 7 - 1　符号说明

符号	意义
$x_{an}(a = 1,2;n = 1,2,\cdots,27)$	第 a 组评酒员对红葡萄酒样品 n 的评价分数($a = 1,2$ 分别表示第一,二组; $n = 1,2,\cdots,27$ 分别表示红葡萄酒样品 $1,2,\cdots,27$)
μ	红葡萄酒评价分数的平均值
μ_0	原平均值
N	红葡萄酒样品的总数
S_a	第 a 组评酒员评价红葡萄酒的标准差
$\bar{S}_a$	第 a 组评酒员评价红葡萄酒的标准误
γ_{ij} $(i = 1,2,\cdots9;j = 1,2,\cdots,30)$	第 i 个主成分的第 j 个特征向量($i = 1,2\cdots9$ 分别表示提取出 9 个主成分的指标; $j = 1,2\cdots,30$ 分别表示葡萄的原指标)
A_{ij}	初始因子载荷矩阵中第 j 个因子(原指标)的第 i 个主成分的列向量
λ_i	第 i 个主成分特征根的平方根
B_{ij}	第 i 个主成分中对应的第 j 个指标的含量
F_{ni}	第 n 种酿酒葡萄的第 i 个主成分的得分

续表

符号	意义
G_n	第 n 个葡萄酒样品的分数
c_{mn} ($m = 1,2,\cdots,10$)	第 m 位品酒员给第 n 个葡萄酒样品的得分
β_i	第 i 个主成分的方差贡献率(系数)
d_n	第 n 种酿酒葡萄的综合主成分得分
P_n	第 n 种酿酒红葡萄的总分

7.1 评酒员评价的显著性差异和可信度

7.1.1 模型一的分析

各评酒员评价方向有差异,对于同一种酒样,每个评酒员的看法各不相同,所打的分数也各不相同,最高分和最低分的差距过大,如对于红葡萄酒的酒样品1,最高得分为77,最低得分为49,差异太大,为了减少误差,以去掉一个最高分和一个最低分的方法统计评酒员的评价结果。

各组中每个评酒员在对葡萄酒进行品尝后对其分类指标打分,然后求和得到其总分,因此将每组评酒员对每种酒样的评价总分求和,利用所求的和进行显著性差异分析。

由于红葡萄酒和白葡萄酒的酒样数量和种类均不相同,因此,分别对红葡萄酒和白葡萄酒的品尝得分逐一分析。

7.1.1.1 红葡萄酒

对红葡萄酒品尝后,两组评酒员的评价情况如表7-2所示。

表 7－2　两组评酒员对红葡萄酒的评价情况

酒样品	1	2	3	4	5	6	7	8	9
第一组	501	641	646	551	587	577	572	574	638
第二组	549	589	601	573	578	530	532	531	628
酒样品	10	11	12	13	14	15	16	17	18
第一组	592	551	430	603	591	461	600	628	480
第二组	544	499	550	548	582	530	557	598	519
酒样品	19	20	21	22	23	24	25	26	27
第一组	633	632	609	611	683	622	551	597	582
第二组	583	608	580	575	621	573	538	574	569

7.1.1.2　白葡萄酒

对白葡萄酒品尝后,两组评酒员的评价情况如表 7－3 所示。

表 7－3　两组评酒员对白葡萄酒的评价情况

酒样品	1	2	3	4	5	6	7
第一组	664	604	627	641	579	555	625
第二组	626	614	624	619	651	605	599
酒样品	8	9	10	11	12	13	14
第一组	583	589	610	589	514	534	588
第二组	582	661	647	571	596	596	621
酒样品	15	16	17	18	19	20	21
第一组	589	600	642	601	576	629	676
第二组	633	535	646	616	615	619	649
酒样品	22	23	24	25	26	27	28
第一组	572	606	591	618	654	529	657
第二组	639	618	613	658	607	623	636

7.1.2　模型一的建立

红葡萄酒和白葡萄酒在模型的建立上完全相同,因此,以红葡萄酒为例,建立模型:

(1)平均值的计算:$\mu = \dfrac{1}{N}\displaystyle\sum_{n=1}^{27} x_{an}\,(a=1,2;n=1,2,\cdots,27)$。

(2)标准差的计算:$S_a = \sqrt{\dfrac{1}{N}\displaystyle\sum_{n=1}^{27}(x_{an}-\mu)^2}\,(a=1,2;n=1,2,\cdots,27)$。

(3)标准误的计算:$\bar{S}_a = \dfrac{S_a}{\sqrt{N}}$。

(4)检验统计量的计算:$T = \dfrac{1}{\dfrac{S_a}{\sqrt{N}}}(\mu-\mu_0)$。

化简得到:$T = \dfrac{\sqrt{N}}{S_a}(\mu-\mu_0)$。

(5)自由度的计算:$df = N-1$。

7.1.3　模型一的求解

7.1.3.1　对红葡萄酒

(1)提出假设

两组样本 T 检验的原假设为 $Ho:\mu=\mu_0$,即两组评酒员对红葡萄酒的评价结果无显著性差异。

(2)计算检验统计量

将表 7-2 中两组样本的数据输入 SPSS 软件,利用软件中的配对样本 T 检验直接对其处理,处理结果见表 7-4。

表7-4 成对样本统计量表

		均值	N	标准差	均值的标准误
对1	红一	583.0741	27	58.9158	11.33835
	红二	565.1481	27	31.8756	6.13446

注:红一和红二分别表示第一、二组红葡萄酒品尝得分。

(3)给定显著水平 $\alpha = 0.05$,得到表7-5。

表7-5 成对差分表

	成对差分					T	df	Sig（两侧）
	均值	标准差	均值的标准误	差分的95%置信区间 下限	上限			
红一、红二	17.92593	43.21229	8.31621	0.83171	35.02014	2.16	26	0.041

(4)结果分析

给定显著水平 $\alpha = 0.05$,根据表7-5的数据,与检验统计量的概率0.041作比较,发现概率值小于显著水平 α ,则原假设错误,差值样本的总体均值与0有显著不同,两总体的均值有显著性差异,再根据表7-4中的数据,发现第一组的标准差为58.9158比第二组的31.8756大,说明第二组评价结果更集中、更可信。

7.1.3.2 对白葡萄酒

与红葡萄酒的求解方法相同。

(1)提出假设

两配对样本 T 检验的原假设为 $Ho:\mu=\mu_0$,即两组评酒员对白葡萄酒的评价结果无显著性差异。

(2)计算检验统计量

将表7-3中两组样本的数据输入SPSS软件,得到表7-6。

表7-6　成对样本统计量表

		均值	N	标准差	均值的标准误
对1	白一	601.5000	28	40.17877	7.59307
	白二	618.5357	28	27.42597	5.18302

注:白一和白二分别表示第一、二组白葡萄酒品尝得分。

（3）给定显著水平 $\alpha = 0.05$,得到表7-7。

表7-7　成对差分表

	成对差分					T	df	Sig（两侧）
	均值	标准差	均值的标准误	差分的95%置信区间				
				下限	上限			
白一、白二	17.03571	42.05895	7.94833	-33.34433	-0.72710	-2.143	27	0.041

（4）结果分析

给定显著水平 $\alpha = 0.05$,根据表7-7的数据,与检验统计量的概率0.041值作比较,发现概率值小于显著水平 α ,则原假设错误,差值样本的总体均值与0有显著不同,两总体的均值有显著差异,再根据表7-6中的数据,得到第一组的标准差40.17877比第二组的27.42597大,说明第二组评价结果更集中、更可信。

通过分析两组评酒员对红葡萄酒和白葡萄酒的评价结果得到:不管是对红葡萄酒还是对白葡萄酒的评价,第二组的评价结果都更可信一些。

7.2　酿酒葡萄的分级

7.2.1　模型二的分析

为了给酿酒葡萄分级,首先对酿酒葡萄的理化指标进行主成分分析,得到主成分得分。其次将模型一中筛选出的第二组评酒员打的分数求平均值,作为葡萄酒质量的得分,求出酿酒葡萄的总分,进而将各种酿酒葡萄分类,列出等级。

7.2.1.1 红葡萄理化性质的分析

(1)对酿酒葡萄各理化性质进行主成分分析

应用 SPSS 软件,筛选出主成分,将其代表各理化性质指标,确定出各主成分中每项指标的系数,即特征向量

$$系数 = \frac{第 j 个因子对应的第 i 个列向量}{第 i 个主成分特征根的平方根} (i = 1,2,\cdots,9;j = 1,2,\cdots,30)$$

$$(7-1)$$

其中,由 SPSS 软件对原始指标的数据进行标准化,得到 30 个指标的标准化数据,进而得到初始因子载荷矩阵,进而得到主成分的特征根。

列向量是初始因子载荷矩阵中第 j 个因子(指标)的第 i 个主成分的列向量

$$\gamma_{ij} = \frac{A_{ij}}{\lambda_i}(i = 1,2,\cdots 9;j = 1,2,\cdots,30) \qquad (7-2)$$

(2)确定主成分表达式

$$F_i = \sum_{j=1}^{30} \gamma_{ij}B_{ij}(i = 1,2\cdots,9) \qquad (7-3)$$

(3)确定综合主成分得分

将每一种酿酒红葡萄相应的理化性质的含量分别带入主成分表达式中,得到主成分 $F_1,F_2,\cdots,F_9$ 的值综合主成分得分:

$$d_n = \sum_{i=1}^{9} \beta_i F_{ni} (n = 1,2,\cdots,27) \qquad (7-4)$$

(4)确定酿酒红葡萄的总分

酒样的得分与相对应的酿酒葡萄有关,因此,将各酒样的得分和酿酒葡萄的理化指标得分之和作为相对应的酿酒葡萄的得分,即:

$$酿酒葡萄总分 = 酒样的得分 + 理化指标得分$$
$$P_n = G_n + d_n \qquad (7-5)$$

7.2.1.2 葡萄酒质量的分析

评酒员给葡萄酒的总分 = 外观得分 + 香气得分 + 口感得分。去掉一个最

高分和一个最低分,剩下 8 个评酒员的得分取平均数,就是葡萄酒的得分。

第 a 个酒样品的分数

$$G_a = \frac{1}{8}\sum_{n=1}^{27} c_{mn}\,(m = 1,2,\cdots,10;a = 1,2,\cdots,27) \qquad (7-6)$$

7.2.2 模型二的建立

建立酿酒葡萄的总分方程式,对酿酒葡萄进行分级 $P_n = G_n + d_n$。

$$G_a = \frac{1}{8}\sum_{n=1}^{27} c_{mn}\,(m = 1,2,\cdots,10;a = 1,2,\cdots,27)$$

$$d_n = \sum_{i=1}^{9}\beta_i F_{ni}\,(n = 1,2,\cdots,27)$$

$$F_i = \sum_{j=1}^{30}\gamma_{ij}B_{ij}\,(i = 1,2\cdots,9)$$

$$\gamma_{ij} = \frac{A_{ij}}{\lambda_i}\,(i = 1,2,\cdots,9;j = 1,2,\cdots,30)$$

通过 SPSS 软件对红葡萄的 30 项指标进行主成分分析,得到主成分分析的方差分解表。其中,前 9 个主成分的特征值都大于 1,根据主成分选取指标的原则,选取前 9 个主成分,与此同时,得到特征根和主成分系数矩阵。

7.2.2.1 求解酿酒葡萄理化性质的结果

将数值代入 d_n 表达式中,得到表 7-8。

表 7-8　各酿酒葡萄的理化性质得分表

葡萄	葡萄 1	葡萄 2	葡萄 3	葡萄 4	葡萄 5	葡萄 6	葡萄 7	葡萄 8	葡萄 9
得分	292	305	884	273	266	396	305	275	302
葡萄	葡萄 10	葡萄 11	葡萄 12	葡萄 13	葡萄 14	葡萄 15	葡萄 16	葡萄 17	葡萄 18
得分	177	257	323	202	210	280	220	254	305
葡萄	葡萄 19	葡萄 20	葡萄 21	葡萄 22	葡萄 23	葡萄 24	葡萄 25	葡萄 26	葡萄 27
得分	308	283	637	313	294	242	198	159	185

7.2.2.2　求解各酒样的评分结果

由于第二组评酒员评价的数据更可信,因此,选取第二组数据,去掉一个最高分和一个最低分取平均值,其结果见表 7 - 9。

表 7 - 9　各酒样经第二组评酒员评分表

酒样	酒样 1	酒样 2	酒样 3	酒样 4	酒样 5	酒样 6	酒样 7	酒样 8	酒样 9
评价得分	69	74	75	72	72	66	67	66	69
酒样	酒样 10	酒样 11	酒样 12	酒样 13	酒样 14	酒样 15	酒样 16	酒样 17	酒样 18
评价得分	68	62	69	69	73	66	70	75	65
酒样	酒样 19	酒样 20	酒样 21	酒样 22	酒样 23	酒样 24	酒样 25	酒样 26	酒样 27
评价得分	73	76	73	72	78	72	67	72	71

7.2.2.3　最后得分

将理化性质的得分结果与各酒样的得分结果相加,得到酿酒葡萄的最后得分,其结果见表 7 - 10。

表 7 - 10　最后得分表

葡萄	葡萄 1	葡萄 2	葡萄 3	葡萄 4	葡萄 5	葡萄 6	葡萄 7	葡萄 8	葡萄 9
得分	361	379	959	345	338	462	372	341	371
葡萄	葡萄 10	葡萄 11	葡萄 12	葡萄 13	葡萄 14	葡萄 15	葡萄 16	葡萄 17	葡萄 18
得分	245	319	392	271	283	346	290	329	370
葡萄	葡萄 19	葡萄 20	葡萄 21	葡萄 22	葡萄 23	葡萄 24	葡萄 25	葡萄 26	葡萄 27
得分	381	359	710	385	372	314	265	231	256

分析表格数据,将酿酒葡萄分为三个等级:

得分为 400 以上的为一等品,有 3 个,分别为:葡萄 3、6 和 21。

得分为 300 ~ 400 之间的为二等品,有 17 个,分别为:葡萄 1、2、4、5、7、8、9、11、12、15、17、18、19、20、22、23 和 24。

得分为 200 ~ 300 之间的为三等品,有 7 个,分别为:葡萄 10、13、14、16、25、26 和 27。

同理可得白葡萄酒的分级方法。

7.3　酿酒葡萄与葡萄酒的理化指标关联性分析

7.3.1　模型三的分析

无论是红葡萄酒还是白葡萄酒,酿酒葡萄与葡萄酒的理化指标存在着不可忽略的联系,分别将这些理化指标逐一分析,做出相关的散点图,以下就红葡萄酒的花色苷含量关系为例。

酿酒葡萄中花色苷含量 x 与葡萄酒中花色苷含量 y 的值在坐标系中表示出来,得到 x 与 y 的散点图(图 7 - 1)。

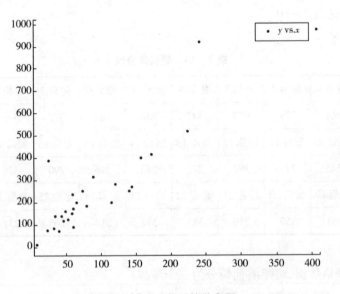

图 7 - 1　x 与 y 的散点图

观察图7-1中的散点可得：x与y之间呈线性相关，那么x与y之间的关系可以用函数关系表达。

7.3.2　模型三的建立与求解

7.3.2.1　模型三的建立

将x与y之间的关系，建立统计回归模型，即：

$$y = \beta_1 + \beta_2 x + \varepsilon \qquad (7-11)$$

其中，β_1，β_2是回归系数，ε是随机误差。

7.3.2.2　模型三的求解

利用 MATLAB 软件进行求解：

输入：

x = [408. 028 224. 367 157. 939 79. 658 120. 606 46. 186 60. 767 241. 397 240. 838 44. 203 7. 787 32. 343 65. 324 140. 275 52. 792 60. 660 59. 424 40. 288 115. 704 23. 523 89. 282 74. 027 172. 626 144. 881 49. 643 58. 469 34. 190]；

y = [93. 878 517. 581 298. 770 183. 519 280. 190 117. 026 90. 825 918. 688 387. 765 138. 714 11. 838 84. 079 200. 080 251. 570 122. 592 171. 502 234. 420 71. 902 198. 614 74. 377 313. 784 251. 017 413. 940 270. 108 158. 569 151. 481 138. 455]；

X = [ones(27,1) x]；

[b,bint,r,rint,stats] = regress(y,X,0. 05)

输出：

b = 115. 0997；1. 0676

bint = 18. 4585 211. 7409 0. 3635 1. 7717

r = -456. 8363；162. 9449；15. 0531；-16. 6244；36. 3302；-47. 3823；

 -89. 1502；545. 8706；15. 5443；-23. 5773；-111. 5752；-65. 5504；

 15. 2397；-13. 2886；-48. 8690；-8. 3589；55. 8786；-86. 2096；

 -40. 0124；-65. 8361；103. 3660；56. 8853；114. 5431；0. 3319；

- 9.5301; - 26.0408; - 13.1463

rint = - 597.0105 - 316.6621 - 140.0955 465.9853 - 304.9018 335.0080

- 338.2568 305.0080 - 285.3605 358.0208 - 366.1795 271.4148

- 407.5923 229.2920 341.8608 749.8803 - 291.5695 322.6582

- 342.6492 295.4946 - 422.5721 199.4216 - 382.2896 251.1887

- 305.6470 336.1265

即 $\beta_1 = 115.0997$; $\beta_2 = 1.0676$,带入表达式 $y = \beta_1 + \beta_2 x + \varepsilon$,得到: $y = 115.0997 + 1.0676x$。

为确定模型的可信度,利用 MATLAB 软件作残差分析,得到该模型的残差图(图 7 - 2)。

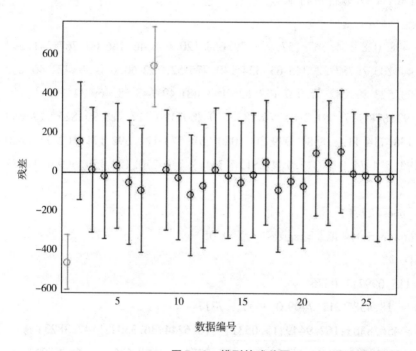

图 7 - 2　模型的残差图

从残差图可以看出:该回归模型拟合良好,故可以直接利用该结果,即酿酒

葡萄中花色苷含量 x 与葡萄酒中花色苷含量 y 之间关系为 $y = 115.0997 + 1.0676x$。

同理可得酿酒葡萄与葡萄酒的其他理化指标之间的联系。

(1)对于红葡萄酒

酿酒葡萄 DPPH 自由基与葡萄酒 DPPH 半抑制体积关系: $y = -0.0746 + 0.868x$。

酿酒葡萄总酚与葡萄酒总酚关系: $y = 1.3872 + 0.3321x$。

酿酒葡萄单宁与葡萄酒单宁关系: $y = 2.8910 + 0.3150x$。

酿酒葡萄总黄酮与葡萄酒总黄酮关系: $y = 0.7626 + 0.5032x$。

酿酒葡萄白藜芦醇与葡萄酒白藜芦醇关系: $y = 3.5962 + 0.0071x$。

酿酒葡萄果皮颜色 l 与葡萄酒果皮颜色 l 关系: $y = -198.2815 + 9.1221x$。

酿酒葡萄果皮颜色 a 与葡萄酒果皮颜色 a 关系: $y = 56.6193 - 3.3730x$。

酿酒葡萄果皮颜色 b 与葡萄酒果皮颜色 b 关系: $y = 21.9360 - 0.1166x$。

(2)对于白葡萄酒

酿酒葡萄 DPPH 自由基与葡萄酒 DPPH 半抑制体积关系: $y = 0.0160 + 0.1241x$。

酿酒葡萄总酚与葡萄酒总酚关系: $y = 0.7218 + 0.0988x$。

酿酒葡萄单宁与葡萄酒单宁关系: $y = 0.9643 + 0.2366x$。

酿酒葡萄总黄酮与葡萄酒总黄酮关系: $y = -0.4423 + 0.5334x$。

酿酒葡萄白藜芦醇与葡萄酒白藜芦醇关系: $y = 0.4427 - 0.0665x$。

酿酒葡萄果皮颜色 l 与葡萄酒果皮颜色 l 关系: $y = 102.3275 - 0.0137x$。

酿酒葡萄果皮颜色 a 与葡萄酒果皮颜色 a 关系: $y = -0.6431 - 0.0017x$。

酿酒葡萄果皮颜色 b 与葡萄酒果皮颜色 b 关系: $y = 2.4299 + 0.0778x$。

7.4　葡萄酒的质量分类

7.4.1　评价葡萄酒质量的问题分析

分析酿酒葡萄和葡萄酒的理化指标对葡萄酒质量的影响时,分别考虑酿酒葡萄和葡萄酒的理化指标对葡萄酒质量的影响,因此,评价葡萄酒的质量用酿酒葡萄和葡萄酒的理化指标两个指标评定。而酿酒葡萄和葡萄酒的理化指标由多个指标决定,通过确定各个指标的权重系数,评价葡萄酒的质量。

建立如表 7 – 11 所示的评价指标体系。

表 7 – 11　酿酒葡萄分级评价指标体系

目标层	葡萄酒质量 O		
准则层	酿酒葡萄的理化指标 (A_1)	营养成分 (B_1)	氨基酸 (C_1) 蛋白质 (C_2) VC (C_3) 花色苷 (C_4) 总酚 (C_5) 总黄酮 (C_6) 白藜芦醇 (C_7) 黄酮醇 (C_8)
		有利酿酒成分 (B_2)	多酚氧化酶活力 (C_9) 单宁 (C_{10}) 固酸比 (C_{11}) 百粒质量 (C_{12}) 出汁率 (C_{13}) 果皮颜色 (C_{14})
		不利酿酒成分 (B_3)	褐变度 (C_{15}) DPPH 自由基 (C_{16}) 果穗质量 (C_{17}) 果梗比 (C_{18}) 果皮质量 (C_{19})
	葡萄酒的理化指标 (A_2)	营养成分 (B_4)	花色苷 (C_{20}) 单宁 (C_{21}) 总酚 (C_{22}) 酒总黄酮 (C_{23}) 白藜芦醇 (C_{24})
		色泽 (B_5)	

(1)根据酿酒葡萄的理化指标 (A_1) 和葡萄酒的理化指标 (A_2) 对目标层 (O) 的重要性得到判断矩阵 A

$$A = \begin{bmatrix} 1 & 1 \\ 1 & 1 \end{bmatrix}$$

利用 MATLAB 软件进行求解

输入:

A = [1,1;1,1];

```
≫ [x,y] = eig(A);
≫ w = x(:,1);
```
输出：

x =

| − 0. 7071 | 0. 7071 |
| 0. 7071 | 0. 7071 |

y =

| 0 | 0 |
| 0 | 2 |

w = − 0. 7071　　0. 7071

即

$$\lambda_{\max} = 2$$

一致性检验：

$$CI = \frac{\lambda_{\max} - n}{n - 1} = \frac{2 - 2}{2 - 1} = 0$$

当 $n = 2$ 时 $RI = 0$，$CR = \dfrac{CI}{RI} = \dfrac{0}{0} = 0 < 0.1$ 通过一致性检验。

由最大特征根 $\lambda_{\max}$ 得特征向量 $w = \begin{bmatrix} 0.7071 \\ 0.7071 \end{bmatrix}$，将 w 归一化得权向量 $w = \begin{bmatrix} 0.5 \\ 0.5 \end{bmatrix}$。

由此得到：

$$O = 0.5A_1 + 0.5A_2$$

(2)对于酿酒葡萄的理化指标 (A_1)，由营养成分 (B_1)、有利酿酒成分 (B_2) 和不利酿酒成分 (B_3) 三个因素影响，将这三个因素两两对比，经相关专家打分得到判断矩阵 B

$$B = \begin{bmatrix} 1 & 1 & 3 \\ 1 & 1 & 1 \\ 1/3 & 1 & 1 \end{bmatrix}$$

利用 MATLAB 软件求解,

输入:

C = [1,3,3;1/3,1,1;1/3,1,1];

≫ [x,y] = eig(C);

≫ w = x(:,1)

输出:

x =

− 0. 9733	0. 9045	− 0. 9733
0. 1622	0. 3015	0. 1622
0. 1622	0. 3015	0. 1622

y =

0	0	0
0	3. 0000	0
0	0	0. 0000

w = − 0. 9733　　0. 1622　　0. 1622

即

$$\lambda_{max} = 3.1356$$

一致性检验:

$$CI = \frac{\lambda_{max} - n}{n - 1} = \frac{3 - 3}{3 - 1} = 0$$

当 $n = 3$ 时 $RI = 0.58$, $CR = \frac{CI}{RI} = \frac{0}{0.58} = 0 < 0.1$ 通过一致性检验。

由最大特征根 λ_{max} 得特征向量 $w = \begin{bmatrix} 0.8847 \\ 0.4423 \\ 0.1474 \end{bmatrix}$,将 ω 归一化得权向量 $w =$

$$\begin{bmatrix} 0.6 \\ 0.3 \\ 0.1 \end{bmatrix}。$$

由此得到：$A_1 = 0.6B_1 + 0.3B_2 + 0.1B_3$。

（3）对于葡萄的营养成分（B_1），由氨基酸（C_1）、蛋白质（C_2）、VC（C_3）、花色苷（C_4）、总酚（C_5）、总黄酮（C_6）、白藜芦醇（C_7）、黄酮醇（C_8）八个因素影响，将这八个因素两两对比，经相关专家打分得到判断矩阵 B_1

$$B_1 = \begin{bmatrix} 1 & 1 & 1 & 1/3 & 4 & 1/3 & 1/3 & 1/3 \\ 1 & 1 & 1 & 1/3 & 4 & 1/3 & 1/3 & 1/3 \\ 1 & 1 & 1 & 1 & 4 & 1/3 & 1/3 & 1/3 \\ 3 & 3 & 1 & 1 & 5 & 1 & 1 & 1 \\ 1/4 & 1/4 & 1/4 & 1/5 & 1 & 1/5 & 1/5 & 1/5 \\ 3 & 3 & 3 & 1 & 5 & 1 & 1 & 1 \\ 3 & 3 & 3 & 1 & 5 & 1 & 1 & 1 \\ 3 & 3 & 3 & 1 & 5 & 1 & 1 & 1 \end{bmatrix}$$

利用 MATLAB 软件求解，

输入：

A = [1,1,1,1/3,4,1/3,1/3,1/3;1,1,1,1/3,4,1/3,1/3,1/3;1,1,1,1,4, 1/3,1/3,1/3;3,3,1,1,5,1,1,1;1/4,1/4,1/4,1/5,1,1/5,1/5,1/5;3,3,3,1,5, 1,1,1;3,3,3,1,5,1,1,1;3,3,3,1,5,1,1,1];

≫ [x,y] = eig(A);

≫ w = x(:,1)

输出：

x =

-0.1811	$-0.1678 + 0.0162i$	$-0.1678 - 0.0162i$	0.7071	$0.0697 - 0.2286i$	0.0010	0.0000
-0.1811	$-0.1678 + 0.0162i$	$-0.1678 - 0.0162i$	-0.7071	$0.0697 - 0.2286i$	-0.0010	0.0000
-0.2159	$-0.2053 - 0.2839i$	$-0.2053 + 0.2839i$	0.0000	$0.0896 + 0.3313i$	0.0000	0.0000
-0.4298	0.5258	0.5258	0.0000	0.6457	0.0000	0.0000
-0.0719	$0.0718 - 0.0890i$	$0.0718 - 0.0890i$	0.0000	$-0.1025 - 0.0494i$	0.0000	0.0000

-0.4823	0.0838 + 0.4123i	0.0838 − 0.4123i	0.0000	−0.2077 + 0.2638i	−0.8165	0.0000
-0.4823	0.0838 + 0.4123i	0.0838 − 0.4123i	0.0000	−0.2077 + 0.2638i	0.4082	−0.7071
-0.4823	0.0838 + 0.4123i	0.0838 − 0.4123i	0.0000	−0.2077 + 0.2638i	0.4082	0.7071

$$w = -0.1811 \quad -0.1811 \quad -0.2159 \quad -0.4298 \quad -0.0719 \quad -0.4823$$
$$-0.4823 \quad -0.4823$$

即

$$\lambda_{\max} = 8.2330$$

一致性检验:

$$CI = \frac{\lambda_{\max} - n}{n - 1} = \frac{8.233 - 8}{8 - 1} = 0.0333$$

当 $n = 8$ 时 $RI = 1.41$, $CR = \frac{CI}{RI} = \frac{0.0333}{1.41} = 0.0236 < 0.1$ 通过一致性

检验。

由最大特征根 $\lambda_{\max}$ 得特征向量 $w = \begin{bmatrix} 0.1811 \\ 0.1811 \\ 0.2159 \\ 0.4298 \\ 0.0719 \\ 0.4823 \\ 0.4823 \\ 0.4823 \end{bmatrix}$,将 w 归一化得权向量 $w =$

$\begin{bmatrix} 0.0717 \\ 0.0717 \\ 0.0854 \\ 0.1701 \\ 0.0285 \\ 0.1909 \\ 0.1909 \\ 0.1909 \end{bmatrix}$。

由此得到：$B_1 = 0.0717C_1 + 0.0717C_2 + 0.0854C_3 + 0.1701C_4 + 0.0285C_5 + 0.1909C_6 + 0.1909C_7 + 0.1909C_8$。

（4）对于有利酿酒成分（B_2），由多酚氧化酶活力（C_9）、单宁（C_{10}）、固酸比（C_{11}）、百粒质量（C_{12}）、出汁率（C_{13}）和果皮颜色（C_{14}）六个因素影响，将这六个因素两两对比，经相关专家打分得到判断矩阵 B_2

$$B_2 = \begin{bmatrix} 1 & 1/5 & 1/3 & 1 & 1/3 & 1/3 \\ 5 & 1 & 3 & 5 & 3 & 5 \\ 3 & 1/3 & 1 & 3 & 2 & 1 \\ 1 & 1/5 & 1/3 & 1 & 1 & 1/3 \\ 3 & 1/3 & 1/2 & 1 & 1 & 1 \\ 3 & 1/5 & 1 & 3 & 1 & 1 \end{bmatrix}$$

利用 MATLAB 软件求解，

输入：

C2 = [1,1/5,1/3,1,1/3,1/3;5,1,3,5,3,5;3,1/3,1,3,2,1;1,1/5,1/3,1, 1,1/3;3,1/3,1/2,1,1,1;3,1/5,1,3,1,1];

≫ [x,y] = eig(C2);

输出：

x =

-0.1137	$-0.0051 - 0.0316i$	$-0.0051 + 0.0316i$	$-0.0647 - 0.1200i$	$-0.0647 + 0.1200i$	-0.0452
-0.845	0.917	0.9170	0.9499	0.9499	0.0000
-0.3423	$-0.1605 + 0.1182i$	$-0.1605 - 0.1182i$	$0.0057 + 0.1117i$	$0.0057 - 0.1117i$	-0.9035
-0.1386	$-0.1063 - 0.0578i$	$-0.1063 + 0.0578i$	$0.0379 - 0.0408i$	$0.0379 + 0.0408i$	0.2259
-0.233	$0.0419 - 0.1461i$	$0.0419 + 0.1461i$	$-0.0980 + 0.0977i$	$-0.0980 - 0.0977i$	-0.0000

| -0.2869 | $-0.0055 +$ 0.2838i | $-0.0055 -$ 0.2838i | $-0.1252 +$ 0.1693i | $-0.1252 -$ 0.1693i | 0.3614 |

y =

6.2333	0	0	0	0	0
0	$-0.0249 +$ 0.9685i	0	0	0	0
0	0	$-0.0249 -$ 0.9685i	0	0	0
0	0	0	$-0.0918 +$ 0.7057i	0	0
0	0	0	0	$-0.0918 -$ 0.7057i	0
0	0	0	0	0	0

即

$$\lambda_{\max} = 6.2333$$

一致性检验：

$$CI = \frac{\lambda_{\max} - n}{n - 1} = \frac{6.233 - 6}{6 - 1} = 0.0467$$

当 $n = 6$ 时 $RI = 1.24$，$CR = \frac{CI}{RI} = \frac{0.0467}{1.24} = 0.0377 < 0.1$ 通过一致性检验。

由最大特征根 $\lambda_{\max}$ 得特征向量 $w = \begin{bmatrix} 0.1137 \\ 0.8450 \\ 0.3423 \\ 0.1386 \\ 0.2330 \\ 0.2869 \end{bmatrix}$,将 w 归一化得权向量 $w =$

$\begin{bmatrix} 0.0580 \\ 0.4312 \\ 0.1747 \\ 0.0707 \\ 0.1189 \\ 0.1464 \end{bmatrix}$ 。

由此得到: $B_2 = 0.058C_9 + 0.4312C_{10} + 0.1747C_{11} + 0.0707C_{12} + 0.1189C_{13} + 0.1464C_{14}$ 。

(4) 对于不利酿酒成分 (B_3) ,由褐变度 (C_{15})、DPPH 自由基 (C_{16})、果穗质量 (C_{17})、果梗比 (C_{18}) 和果皮质量 (C_{19}) 五个因素影响,将这六个因素两两对比,经相关专家打分得到判断矩阵 B_3

$$B_3 = \begin{bmatrix} 1 & 1 & 5 & 5 & 7 \\ 1 & 1 & 5 & 5 & 7 \\ 1/5 & 1/5 & 1 & 1 & 1 \\ 1/5 & 1/5 & 1 & 1 & 1 \\ 1/7 & 1/7 & 1 & 1 & 1 \end{bmatrix}$$

利用 MATLAB 软件,对该判断矩阵求解

$$\lambda_{\max} = 5.0182$$

一致性检验:

$$CI = \frac{\lambda_{\max} - n}{n - 1} = \frac{5.0182 - 5}{5 - 1} = 0.0046$$

当 $n = 5$ 时 $RI = 1.12$, $CR = \dfrac{CI}{RI} = \dfrac{0.0046}{1.12} = 0.0041 < 0.1$ 通过一致性检验。

由最大特征根 λ_{max} 得特征向量 $w = \begin{bmatrix} 0.6906 \\ 0.6906 \\ 0.1291 \\ 0.1291 \\ 0.1134 \end{bmatrix}$,将 w 归一化得权向量 $w =$

$\begin{bmatrix} 0.3940 \\ 0.3940 \\ 0.0737 \\ 0.0737 \\ 0.0647 \end{bmatrix}$ 。

由此得到：$B_3 = 0.3940C_{15} + 0.3940C_{16} + 0.0737C_{17} + 0.0737C_{18} + 0.0647C_{19}$ 。

（6）对葡萄酒的理化指标（A_2），由营养成分（B_4）、色泽（B_5）个因素影响，将这二个因素两两对比，经相关专家打分得到判断矩阵 C

$$C = \begin{bmatrix} 1 & 5 \\ 1/5 & 1 \end{bmatrix}$$

利用 MATLAB 软件，对该判断矩阵求解

$$\lambda_{max} = 2$$

一致性检验：

$$CI = \frac{\lambda_{max} - n}{n - 1} = \frac{2 - 2}{2 - 1} = 0$$

当 $n = 2$ 时 $RI = 0$，$CR = \dfrac{CI}{RI} = \dfrac{0}{0} = 0 < 0.1$ 通过一致性检验。

由最大特征根 λ_{max} 得特征向量 $w = \begin{bmatrix} 0.9806 \\ 0.1961 \end{bmatrix}$,将 w 归一化得权向量 $w =$

$\begin{bmatrix} 0.8333 \\ 0.1667 \end{bmatrix}$ 。

由此得到：$A_2 = 0.8333B_4 + 0.1667B_5$ 。

（7）对于葡萄酒的营养成分（B_4），由花色苷（C_{20}）、单宁（C_{21}）、总酚（C_{22}）、酒总黄酮（C_{23}）、白藜芦醇（C_{24}）六个因素影响，将这六个因素两两对比，经相关专家打分得到判断矩阵 C_1

$$C_1 = \begin{bmatrix} 1 & 1 & 1 & 1 & 1 & 1 \\ 1 & 1 & 1 & 1 & 1 & 1 \\ 1 & 1 & 1 & 1 & 1 & 1 \\ 1 & 1 & 1 & 1 & 1 & 1 \\ 1 & 1 & 1 & 1 & 1 & 1 \\ 1 & 1 & 1 & 1 & 1 & 1 \end{bmatrix}$$

利用 MATLAB 软件,对该判断矩阵求解

$$\lambda_{max} = 6$$

一致性检验:

$$CI = \frac{\lambda_{max} - n}{n - 1} = \frac{6 - 6}{6 - 1} = 0$$

当 $n = 6$ 时 $RI = 1.24$,$CR = \dfrac{CI}{RI} = \dfrac{0}{1.24} = 0 < 0.1$ 通过一致性检验。

由最大特征根 λ_{max} 得特征向量 $w = \begin{bmatrix} 0.0290 \\ 0.0290 \\ 0.0290 \\ 0.0290 \\ 0.7616 \\ 0.6455 \end{bmatrix}$,将 w 归一化得权向量 $w =$

$$\begin{bmatrix} 0.0190 \\ 0.0190 \\ 0.0190 \\ 0.0190 \\ 0.5 \\ 0.4238 \end{bmatrix}_{\circ}$$

由此得到:$B_4 = 0.019C_{20} + 0.019C_{21} + 0.019C_{22} + 0.5C_{23} + 0.4238C_{24}$。

7.4.2 模型四的建立

根据分析,建立酿酒葡萄分级体系:

$$O = 0.5A_1 + 0.5A_2$$

其中，

$$A_1 = 0.6B_1 + 0.3B_2 + 0.1B_3$$

$$A_2 = 0.8333B_4 + 0.1667B_5$$

$B_1 = 0.0717C_1 + 0.0717C_2 + 0.0854C_3 + 0.1701C_4 + 0.0285C_5 + 0.1909C_6 + 0.1909C_7 + 0.1909C_8$；

$B_2 = 0.058C_9 + 0.4312C_{10} + 0.1747C_{11} + 0.0707C_{12} + 0.1189C_{13} + 0.1464C_{14}$；

$B_3 = 0.3940C_{15} + 0.3940C_{16} + 0.0737C_{17} + 0.0737C_{18} + 0.0647C_{19}$；

$B_4 = 0.019C_{20} + 0.019C_{21} + 0.019C_{22} + 0.5C_{23} + 0.4238C_{24}$。

7.4.3 模型四的求解

评价时，以同样的分制（如 100 分）来给葡萄酒指标体系下的 25 个最终指标（即 $C_1, C_2, C_3, \cdots, C_{24}, B_5$）打分，由以上公式算出的分数为葡萄酒的最终得分。再结合表 7-9 中品酒员给每种酒样的打分，二者进行比较，结果相似，故可以用葡萄和葡萄酒的理化指标来评价葡萄酒的质量

7.5 基于支持向量机的葡萄酒分类

传统的支持向量机算法是针对两分类情况，多类的情况可以在两类分类的基础上实现。

通常使用的两种分类策略：一种是一对多（One Against All，OAA）策略，该方法将多类分类问题抽象为两类分类，即使用算法找出其中一类与除此类之外的所有类之间的边界，对其中的每一类都如此。设样本数为 n，则最终会训练出 n 个边界。

另一种是一对一（One Against One，OAO）策略，该方法是对所有类别中的每两类样本分别训练。这样 n 类样本集就会训练出 $n(n-1)/2$ 条边界。这两类策略最后都产生出一组边界。分别对待分类的各个未知样本的特征向量计算其基于各条边界的与各类别的相似度。然后比较所得的各相似度值，其值越大表示与相应类别的相似度就越高。最后将未知样本判为相似度较大的边界

所对应的类别。

设相似度定义为 $S(x\mid\alpha_i,x_i,b_i,K)$，其中 α_i,x_i,b_i,K 分别为支持向量所对应的权值向量，各支持向量，各类别所对应的偏置以及两类分类时所使用的核函数。x 为待分类样本的特征向量，则最后的类别为：$R=\mathrm{argmax}S[(x\mid\alpha_i,x_i,b_i,K)]$。

以上两种方法各有千秋，在很多情况下，OAO 的分类精度要略优于 OAA，但该方法学习和分类过程中计算量要明显高于后者，而且随着类别数的增加，运算量将迅速上升。基于支持向量机的多类分类问题，新近有相关文献对多类分类方法在不同实验数据分类中的性能做了经验上的比较，略优于 OAA，但该方法学习和分类过程中计算量要明显高于后者，而且随着类别数的增加，运算量将迅速上升。基于支持向量机的多类分类问题，新近有相关文献对多分类方法在不同的实验数据分类中的性能做了经验上的比较，以及在这两类策略的基础上提出各种巧妙的改进方法，如 DAGSVM 和 Error - Correcting Output Codes 策略等。目前就以上几种方法哪一种最优，评价还不一致。有一点可以肯定，那就是以上几种方法几乎没有将统计学习理论中得出的关于 SVM 的泛化能力引入到多类问题中，无法评估所得出的多类分类器的泛化性能的优劣。

本节引入一种新的支持向量机多类分类策略：增广两类分类法 AB(Augment Binary)。该方法将多类数据通过扩充维度投影到两类空间中，进行训练和分类。这种方法具有以下优点：

(1)较高的分类精度。

(2)更重要的一点就是由于该方法将多类分类问题映射到两类情况，可通过估计实验分类误差界来估计泛化误差。

AB 分类算法原则如下：

设有 k 类数据，共有 n 个样本 $(x_i,y_i),\cdots,(x_n,y_n)$，其中 $x_i\in R^n,y_i\in1,2,\cdots,k$，以下对每一个特征向量 x_i 复制 k 次，再用长度为 k 的构建向量 v 对各特征向量进行扩充，通过这一类处理将多类分类问题转化为两类分类问题。

$$(x_i,y_i)\rightarrow\begin{cases}(x_i\oplus v^1,y_i^1)\\(x_i\oplus v^2,y_i^2)\\\vdots\\(x_i\oplus v^k,y_i^k)\end{cases}$$

符号 $\oplus$ 代表两向量求直和,即两向量串联起来,构建向量 v^i 的第 i 个分量取值定义如下:

$$(v^i)_j = \begin{cases} +1 \, if \, i = j \\ -1 \, if \, i \neq j \end{cases}$$

增广特征向量的第 j 个目标值 y_i^j 取值如定义如下:

$$y_i^j = \begin{cases} +1 \, if \, j = y_i \\ -1 \, if \, j \neq y_i \end{cases}$$

这样,原 k 类 n 个元素的数据集就变化为 $m = k \times n$ 的数据集 $(x_1^i, y_1^i), \cdots (x_{1m}^i, y_{ml}^i)$。其中 $x_{i\in}^i R^{N+k}, y_i^i \in \{+1, -1\}$。举一个 3 类问题为例,取数据集中某一个数据 (x_i, y_i),该数据属于第 2 类,即 $y = 2$。通过上述方法,可以扩展为如下形式:

$$(x_i, y_i) \rightarrow \begin{cases} (x_i \oplus (+1, -1, -1), -1) \\ (x_i \oplus (-1, +1, -1), +1) \\ (x_i \oplus (-1, -1, +1), -1) \end{cases}$$

这种方法中需要对原特征向量进行归一化处理,将各向量取值归一化到区间 $[-1, +1]$ 中。从以上方法中明显地可以看出在对数据集转化时,是以增加特征向量个数和维数为代价。这是该方法的一个缺陷。尽管如此,鉴于上述提到的优点,这种方法仍不失为一种好的多类分类策略。

在对转化以后的数据集的训练过程中,同两类问题一样也是通过求解以下优化问题,得出分类器所需的各种参数(权重向量 α,阈值 β 和各支持向量值 nv):

当 $y_i(\langle w \cdot x_i \rangle + b) \geqslant 1 - \zeta_i, i = 1 \cdots l$,且 $\zeta_i \geqslant 0, i = 1 \cdots l$,最小化 $\frac{1}{2} \| w \|^2 + c \sum_{i=1}^{l} \zeta_i$。

相应的对偶形式为:

当 $0 \leqslant \alpha_i \leqslant C$,且 $\sum_{i=1}^{m} \alpha_i y_i^i = 0$,最小化 $\frac{1}{2} \alpha^T Q \alpha - \mu^T \alpha$。

其中,μ 为与 α 等长的 1 向量,Q 为 $l \times l$ 的半正定矩阵,其中各元素取值定义为:$q_{i,j} = K(x_i^i, x_j^i)$,式中 K 为选所选定的核函数。对以上扩展后的增广向量进行两类学习,最后训练出相应的模板,在模式分类阶段,对送入分类器的任意

一个新的特征向量 s ,首先根据模式的种类数用上述方法对其进行复制扩展处理:

$$(s,y_i) \rightarrow \begin{cases} (s \oplus v^1 = s_1^i) \\ (s \oplus v^2 = s_2^i) \\ \vdots \\ (s \oplus v^k = s_k^i) \end{cases}$$

然后将该组数据送入预先训练好的分类器中分别计算出各增广向量 s_i^i 的目标函数值 $f(s_i^i)$,最后通过以下判决准则求出该模式向量所在的类别数: $\tilde{y} =$ $\mathrm{argmax}[f(s_1^i),f(s_2^i),\cdots,f(s_k^i)]$,式中 $f(s_i^i) = \sum\limits_{i=1}^{m} \alpha_j y_j K(x_j^i,s_i^i) + b$ 。

由于实现算法与 5.5 节的实现算法相似,此处不再赘述。

7.6　葡萄酒相关数据

SPSS 软件求解红葡萄酒相关数据的结果分别列于表 7 – 12、表 7 – 13 和表 7 – 14。

表 7 – 12　描述统计量

成分	n	极小值	极大值	均值	标准差
氨基酸总量	27	851.17	8397.28	2385.3081	1565.55414
蛋白质	27	487.17	700.83	555.5600	45.38977
VC	27	0.02	10.25	0.4952	1.95317
花色苷	27	7.79	408.03	105.3788	89.61416
酒石酸	27	2.06	15.51	6.4174	3.21707
苹果酸	27	0.83	18.21	5.0467	3.80735
柠檬酸	27	0.00	2.51	1.1011	0.73794
多酚氧化酶活力	27	10.43	50.43	23.8294	9.80230
褐变度	27	72.91	1305.60	358.7907	337.52280
DPPH 自由基	27	0.18	0.67	0.3427	0.11211

续表

成分	n	极小值	极大值	均值	标准差
总酚	27	6.08	30.11	14.7090	6.63037
单宁	27	3.78	25.42	13.8879	6.62014
葡萄总黄酮	27	2.52	24.30	8.2167	4.88114
白藜芦醇	27	0.21	26.85	4.8031	5.47418
黄酮醇	27	2.48	164.99	35.4450	40.44742
总糖	27	150.34	256.19	204.0728	23.09049
还原糖	27	156.04	303.95	226.4771	34.45869
可溶性固形物	27	181.20	261.10	216.1407	19.19151
pH 值	27	2.92	3.95	3.5019	0.24473
可滴定酸	27	4.34	9.31	6.7181	1.36592
固酸比	27	22.81	44.05	32.4552	6.10875
干物质含量	27	18.52	28.98	24.4770	2.46803
果惠质量	27	63.61	793.47	239.8907	161.61721
百粒质量	27	98.30	334.30	177.4481	59.32256
果梗比	27	2.40	6.41	3.9411	1.10693
出汁率	27	53.00	78.40	67.1963	7.27860
果皮质量	27	0.10	0.33	0.1921	0.05671
有效的 N(样本个数)	27				

表 7 - 13　主成分分析的方差分解表(解释的总方差)

成分	初始特征值			提取平方和载入		
	合计	方差的/%	累积/%	合计	方差的/%	累积/%
1	6.957	23.189	23.189	6.957	23.189	23.189
2	4.779	15.930	39.118	4.779	15.930	39.118
3	3.662	12.208	51.326	3.662	12.208	51.326
4	2.851	9.502	60.828	2.851	9.502	60.828
5	1.991	6.637	67.466	1.991	6.637	67.466
6	1.594	5.314	72.780	1.594	5.314	72.780
7	1.313	4.375	77.155	1.313	4.375	77.155
8	1.250	4.165	81.320	1.250	4.165	81.320
9	1.003	3.344	84.663	1.003	3.344	84.663
10	0.793	2.643	87.307			
11	0.699	2.331	89.638			
12	0.628	2.093	91.731			
13	0.462	1.540	93.271			
14	0.447	1.490	94.761			
15	0.370	1.232	95.993			
16	0.289	0.965	96.958			
17	0.250	0.833	97.791			
18	0.202	0.672	98.463			
19	0.168	0.562	99.024			
20	0.097	0.322	99.346			
21	0.063	0.210	99.556			
22	0.050	0.166	99.722			

续表

成分	初始特征值			提取平方和载入		
	合计	方差的/%	累积/%	合计	方差的/%	累积/%
23	0.039	0.129	99.851			
24	0.025	0.082	99.933			
25	0.015	0.050	99.982			
26	0.005	0.018	100.000			
27	4.000E−16	1.333E−15	100.000			
28	1.832E−16	6.106E−16	100.000			
29	−3.309E−17	−1.103E−16	100.000			
30	−1.032E−16	−3.442E−16	100.000			

提取方法：主成分分析。

表 7-14　主成分系数矩阵(成分矩阵[a])

成分	1	2	3	4	5	6	7	8	9
氨基酸总量	0.387	0.532	−0.145	0.454	−0.179	0.343	−0.049	−0.093	−0.053
蛋白质	0.604	−0.534	−0.015	0.285	0.211	0.130	0.061	−0.125	−0.039
VC	−0.150	−0.400	−0.037	−0.008	−0.548	0.014	−0.017	0.237	−0.548
花色苷	0.844	−0.110	0.151	−0.312	0.040	−0.203	−0.048	0.050	−0.018
酒石酸	0.391	0.015	−0.311	0.416	0.361	0.119	0.446	−0.321	−0.061
苹果酸	0.408	0.250	−0.180	−0.644	0.044	−0.350	0.097	0.261	−0.009
柠檬酸	0.321	0.088	−0.379	−0.329	0.408	0.116	0.541	−0.140	−0.126
多酚氧化酶活力	0.310	0.0126	0.121	−0.607	0.282	0.231	−0.296	−0.052	0.096
褐变度	0.596	−0.109	−0.070	−0.701	0.013	0.023	−0.092	0.099	−0.127

续表

成分	1	2	3	4	5	6	7	8	9
DPPH 自由基	0.745	−0.468	0.184	0.213	−0.071	0.070	0.057	0.124	0.247
总酚	0.855	−0.151	0.261	0.209	−0.084	−0.129	−0.047	0.053	0.229
单宁	0.746	−0.115	0.351	−0.088	−0.245	−0.014	0.227	0.048	0.048
葡萄总黄酮	0.708	−0.264	0.325	0.266	−0.071	−0.156	0.089	0.085	0.340
白藜芦醇	0.086	−0.244	−0.704	0.131	−0.187	0.083	0.224	0.511	0.097
黄酮醇	0.556	0.017	−0.026	−0.060	−0.066	0.738	−0.031	0.158	−0.060
总糖	0.271	0.796	0.003	0.255	0.108	−0.035	−0.199	0.228	0.045
还原糖	0.092	0.781	−0.012	0.134	0.157	0.047	−0.024	0.112	−0.199
可溶性固形物	0.255	0.805	0.181	0.131	0.119	0.009	−0.174	0.201	0.082
pH 值	0.265	−0.303	−0.091	0.705	0.153	−0.075	−0.339	0.104	−0.232
可滴定酸	−0.304	0.569	0.489	−0.044	−0.411	0.047	0.257	−0.051	0.111
固酸比	0.406	−0.151	−0.370	0.030	0.576	−0.178	−0.276	0.140	−0.118
干物质含量	0.390	0.869	0.040	0.090	0.103	0.017	0.054	0.082	−0.045
果惠质量	−0.358	−0.414	0.399	0.058	0.538	0.039	0.102	0.145	−0.095
百粒质量	−0.552	−0.256	0.591	0.049	0.172	0.019	−0.001	0.169	0.109
果梗比	0.578	−0.232	−0.198	−0.206	−0.302	0.450	−0.156	−0.083	−0.052
出汁率	0.535	−0.140	0.365	0.149	−0.088	−0.370	0.073	0.125	−0.313
果皮质量	−0.279	−0.118	0.719	−0.141	0.283	0.350	0.119	0.270	0.019

提取方法：主成分。

a. 已提取了 9 个成分。

　　SPSS 软件求解白葡萄酒相关数据的结果分别列于表 7−15、表 7−16 和表 7−17 中。

表 7 - 15 描述统计量

成分	N	极小值	极大值	均值	标准差
氨基酸总量	28	664.96	5022.14	1948.1514	910.83453
蛋白质	28	402.16	642.37	506.8398	57.75568
VC	28	0.00	0.90	0.2424	0.24798
花色苷	28	0.37	4.10	1.4746	1.05940
酒石酸	28	3.31	11.79	7.3707	2.16703
苹果酸	28	0.00	9.63	3.8096	2.25774
柠檬酸	28	0.00	5.40	1.6164	1.56179
多酚氧化酶活力	28	8.38	58.73	27.5734	13.22442
褐变度	28	14.67	1167.65	219.1463	282.59818
DPPH 自由基	28	0.10	0.45	0.3099	0.08950
总酚	28	4.37	16.97	7.4266	2.91034
单宁	28	1.67	8.51	3.7462	1.74716
葡萄总黄酮	28	0.74	9.53	3.7934	2.15506
白藜芦醇	28	0.09	4.02	1.1470	0.96595
黄酮醇	28	0.21	50.50	5.9937	9.39183
总糖	28	153.91	229.31	193.3538	22.48726
还原糖	28	174.03	261.73	225.0944	25.75721
可溶性固形物	28	172.70	231.40	205.9857	17.22599
pH 值	28	3.19	3.99	3.6500	0.19446
可滴定酸	28	3.31	8.48	5.7393	1.59629
固酸比	28	22.03	59.32	38.8096	11.49100
干物质含量	28	18.30	26.53	23.3416	1.87172
果穗质量	28	73.36	498.78	197.2736	96.09361

续表

成分	N	极小值	极大值	均值	标准差
百粒质量	28	88.20	340.80	173.9357	57.80130
果梗比	28	2.41	6.27	3.8339	0.91519
出汁率	28	56.00	82.80	71.2929	5.42961
果皮质量	28	0.12	0.37	0.2034	0.05985
有效的 N（样本个数）	28				

表 7 – 16　解释的总方差

成分	初始特征值			提取平方和载入		
	合计	方差的/%	累积/%	合计	方差的/%	累积/%
1	5.698	18.995	18.995	5.698	18.995	18.995
2	5.101	17.004	35.999	5.101	17.004	35.999
3	3.685	12.283	48.282	3.685	12.283	48.282
4	2.098	6.994	55.276	2.098	6.994	55.276
5	1.898	6.325	61.601	1.898	6.325	61.601
6	1.621	5.404	67.005	1.621	5.404	67.005
7	1.552	5.173	72.179	1.552	5.173	72.179
8	1.385	4.616	76.795	1.385	4.616	76.795
9	1.198	3.992	80.787	1.198	3.992	80.787
10	1.064	3.546	84.333	1.064	3.546	84.333
11	0.947	3.157	87.490			
12	0.783	2.609	90.099			
13	0.646	2.152	92.251			
14	0.508	1.692	93.943			

续表

成分	初始特征值			提取平方和载入		
	合计	方差的/%	累积/%	合计	方差的/%	累积/%
15	0.386	1.287	95.229			
16	0.328	1.092	96.322			
17	0.288	0.960	97.282			
18	0.252	0.839	98.120			
19	0.185	0.617	98.737			
20	0.123	0.410	99.148			
21	0.103	0.343	99.491			
22	0.058	0.193	99.684			
23	0.053	0.177	99.861			
24	0.020	0.066	99.927			
25	0.012	0.039	99.966			
26	0.008	0.027	99.993			
27	0.002	0.007	100.000			
28	$9.184E-17$	$3.061E-16$	100.000			
29	$-4.669E-17$	$-1.556E-16$	100.000			
30	$-1.264E-16$	$-4.214E-16$	100.000			

提取方法:主成分分析。

表 7-17   成分矩阵[a]

成分	1	2	3	4	5	6	7	8	9	10
氨基酸总量	0.512	0.295	0.226	0.514	0.233	0.108	-0.096	-0.127	-0.058	0.093
蛋白质	0.030	0.694	0.175	-0.291	-0.104	-0.350	-0.005	-0.151	-0.091	-0.132

续表

成分	1	2	3	4	5	6	7	8	9	10
VC	-0.188	-0.116	-0.591	-0.359	0.112	0.323	0.000	0.243	0.240	-0.006
花色苷	-0.266	-0.495	0.137	0.231	0.257	0.145	0.162	0.359	-0.233	0.407
酒石酸	0.465	-0.368	0.082	0.135	0.542	0.305	0.022	-0.150	0.315	-0.026
苹果酸	0.029	0.397	0.041	0.479	0.594	-0.166	0.196	-0.062	-0.116	-0.207
柠檬酸	0.229	-0.025	0.297	-0.006	0.399	-0.082	0.463	-0.202	0.100	0.105
多酚氧化酶活力	-0.289	-0.510	-0.055	-0.179	-0.001	-0.040	0.505	0.007	-0.253	-0.059
褐变度	0.187	0.187	-0.139	-0.602	0.084	-0.469	0.058	-0.216	0.292	0.177
DPPH自由基	0.305	0.545	-0.139	-0.078	-0.187	0.382	-0.028	0.123	0.011	0.287
总酚	-0.166	0.780	0.350	-0.231	0.257	0.161	0.028	0.155	-0.008	-0.115
单宁	0.350	0.502	0.221	-0.103	-0.140	0.332	0.102	0.428	-0.095	-0.296
葡萄总黄酮	-0.237	0.766	0.392	-0.121	0.196	0.199	0.068	0.213	-0.083	-0.003
白藜芦醇	0.008	0.103	0.228	0.353	0.087	-0.370	-0.645	0.251	0.132	0.082
黄酮醇	0.162	0.378	0.457	-0.453	0.390	-0.188	0.034	0.195	0.286	0.083
总糖	0.777	0.032	0.009	0.133	-0.334	0.041	0.073	-0.119	0.174	-0.160
还原糖	0.561	0.004	0.157	0.277	-0.309	-0.426	0.247	0.239	0.099	0.170
可溶性固形物	0.863	-0.063	0.090	0.054	-0.200	0.197	0.219	-0.088	0.192	-0.054
pH 值	0.321	-0.264	0.395	-0.156	0.002	0.371	-0.490	-0.328	0.009	-0.207
可滴定酸	-0.138	0.546	-0.588	0.328	-0.091	-0.036	0.144	0.129	0.244	-0.207
固酸比	0.269	-0.511	0.641	-0.246	0.105	0.054	-0.079	-0.170	-0.183	0.149

续表

成分	1	2	3	4	5	6	7	8	9	10
干物质含量	0.839	0.060	0.181	0.180	−0.033	−0.186	0.058	0.171	−0.145	−0.068
果穗质量	−0.723	0.332	0.199	0.200	0.026	−0.060	−0.190	−0.104	−0.007	0.141
百粒质量	−0.618	0.406	0.233	0.162	−0.293	0.088	−0.017	−0.203	0.205	0.253
果梗比	−0.008	−0.459	−0.457	0.075	0.300	0.010	−0.116	0.286	0.441	0.046
出汁率	−0.600	0.012	−0.318	0.134	0.231	−0.081	0.049	−0.286	−0.041	−0.389
果皮质量	−0.405	0.334	0.364	0.287	−0.170	0.258	0.280	−0.305	0.379	0.163

提取方法：主成分。

a. 已提取了 10 个成分。

红葡萄酒中 $F_1, F_2, \cdots, F_9$ 的值如表 7 – 18 所示。

表 7 – 18 红葡萄酒中 $F_1 \sim F_9$ 的值

酒样品	F_1	F_2	F_3	F_4	F_5	F_6	F_7	F_8	F_9
1	868	433	−73	193	2	563	−226	72	−272
2	784	463	−111	419	−49	625	−198	−3	222
3	1608	2056	−596	2327	−877	2396	−423	508	−473
4	507	523	−70	710	−55	639	−131	−54	−125
5	445	374	65	626	151	556	−94	30	143
6	709	863	−152	1071	−190	982	−196	−133	−196
7	629	656	−118	632	−108	698	−184	−39	−180
8	848	355	−69	125	22	643	−232	103	−285
9	727	442	−74	600	−29	678	−150	−39	−195
10	446	141	7	339	78	442	−104	52	−156
11	532	323	−120	779	−68	705	−132	−57	147

续表

酒样品	F_1	F_2	F_3	F_4	F_5	F_6	F_7	F_8	F_9
12	560	700	−86	820	−77	741	−166	−50	−149
13	430	238	−16	525	53	461	−99	1	−101
14	653	201	−26	90	110	475	−168	117	−222
15	525	550	−64	690	−56	641	−131	−54	−138
16	551	328	−67	370	22	474	−141	14	−166
17	410	407	71	602	140	548	−89	60	−136
18	539	636	−70	764	−53	703	−154	−43	−147
19	612	578	−86	749	−77	725	−158	−59	−161
20	462	512	0	766	20	680	−122	−23	−131
21	1207	1492	−430	1806	−592	1789	−306	−382	−366
22	668	638	−140	681	−121	743	−192	−54	−188
23	655	442	−41	624	−26	701	−157	−1	−188
24	408	326	78	550	166	494	81	57	−143
25	360	270	43	483	91	453	−81	22	−103
26	214	52	189	395	384	310	−20	128	−120
27	443	242	12	230	135	376	−118	85	−155

LS – SVM 代码

```
Editor - D:\Notebook-D\My_PHD_Result\Matlab\SVM\LS-SVM\lab1.5\lssvmMATLAB.m

File  Edit  Text  Go  Cell  Tools  Debug  Desktop  Window  Help

1      function [model,H] = lssvmMATLAB(model)
2      % Only for intern LS-SVMlab use;
3      %
4      % MATLAB implementation of the LS-SVM algorithm. This is slower
5      % than the C-mex implementation, but it is more reliable and flexible;
6      %
7      %
8      % This implementation is quite straightforward, based on MATLAB's
9      % backslash matrix division (or PCG if available) and total kernel
10     % matrix construction. It has some extensions towards advanced
11     % techniques, especially applicable on small datasets (weighed
12     % LS-SVM, gamma-per-datapoint)
13
14     % Copyright (c) 2002, KULeuven-ESAT-SCD, License & help @ http://www.esat.kuleuven.ac.be/sista/lssvmlab
15
16
17 -    fprintf('~~');
18
19     % is it weighted LS-SVM ?
20     %
21 -    weighted = (length(model.gam)>model.y_dim);
22 -    if and(weighted,length(model.gam)~=model.nb_data),
23 -      warning('not enough gamma''s for Weighted LS-SVMs, simple LS-SVM applied');
24 -      weighted=0;
25 -    end
26
```

```
Editor - D:\Notebook-D\My PHD Result\Matlab\SVM\s-SVM\lab1.5\lssvmMATLAB.m*

File  Edit  Text  Go  Cell  Tools  Debug  Desktop  Window  Help

27     % ------------------
28     %
29     % classification
30     %
31     %
32     % no blockdiag. as described in papers.  (MATLAB '\' ! ), for
33     % multi-class tasks, the algorithm is multiple times executed. the
34     % kernel matrix is just calculated once.
35 --  if (model.type(1)=='c'),
36
37     % computation omega and H
38 --  H = kernel_matrix(model.xtrain(model.selector, 1:model.x_dim), ...
39                 model.kernel_type, model.kernel_pars);
40     % initiate alpha and b
41 --  model.b = zeros(1,model.y_dim);
42 --  model.alpha = zeros(model.nb_data,model.y_dim);
43
44 --  for i=1:model.y_dim,
45
46 --    for t=1:model.nb_data, for s=1:t-1,
47 --      H(s,t) = H(s,t)*(model.ytrain(model.selector(s),i)*model.ytrain(model.selector(t),i)');
48 --      H(t,s) = H(s,t);
49 --    end; end
50
51 --    if size(model.gam,2)==model.nb_data,
52 --      invgam = model.gam(i,:).^-1;
```

Editor - D:\Notebook-D\My PHD Result\Matlab\SVM\LS-SVMlab1.5\lssvmMATLAB.m*

File Edit Text Go Cell Tools Debug Desktop Window Help

Stack: Base

```
53 -      for t=1:model.nb_data, H(t,t) = H(t,t)+invgam(t); end
54 -  else
55 -      invgam = model.gam(i,1)^-1;
56 -      for t=1:model.nb_data, H(t,t) = H(t,t)+invgam; end
57 -  end
58
59 -  nuv = H\[model.ytrain(model.selector,i) ones(model.nb_data,1)];
60 -  %eval('nuv = pcg(H,[model.ytrain(model.selector,i) ones(model.nb_data,1)],100*eps,model.nb_data).','nuv = H\[model.ytrain(model.selector,i) on
61
62 -  nu(:,i) = nuv(:,1);
63 -  v(:,i) = nuv(:,2);
64 -  |
65 -  s(i) = model.ytrain(model.selector,i)'*nu(:,i);
66 -  model.b(i) = (nu(:,i)'*ones(model.nb_data,1))/s(i);
67 -  model.alpha(:,i) = v(:,i)-(nu(:,i))*model.b(i);
68 -  end
69
70 -  return
71
72 -  else
73 -  % ---------
74 -  % function stimation
75 -  % ---------
76
77 -  % computation omega and H
```

Editor - D:\Notebook-D\My_PHD_Result\Matlab\SVM\LS-SVM\LS-SVMlab1.5\lssvmMATLAB.m*

File Edit Text Go Cell Tools Debug Desktop Window Help

Stack: Base ▼ *fx*

```matlab
77      % computation omega and H
78 -    omega = kernel_matrix(model.xtrain(model.selector, 1:model.x_dim), ...
79              model.kernel_type, model.kernel_pars);
80
81      % initiate alpha and b
82 -    model.b = zeros(1,model.y_dim);
83 -    model.alpha = zeros(model.nb_data,model.y_dim);
84
85 -    for i=1:model.y_dim,
86
87 -        H = omega;
88          % computation matrix omega = K(x_i, x_j)*1/gamma
89 -        if size(model.gam, 2)==model.nb_data,
90 -            eval('invgam = model.gam(i,:).^-1;','invgam = model.gam(1,:).^-1;');
91 -            for t=1:model.nb_data, H(t,t) = H(t,t)+invgam(t); end
92          else
93 -            eval('invgam = model.gam(i,1).^-1;','invgam = model.gam(1,1).^-1;');
94 -            for t=1:model.nb_data, H(t,t) = H(t,t)+invgam; end
95          end
96
97 -        v = H\model.ytrain(model.selector,i);
98          %eval('v = pcg(H, model.ytrain(model.selector, i), 100*eps,model.nb_data),',' v = H\model.ytrain(model.selector, i);');
99 -        nu = H\ones(model.nb_data,1);
100         %eval('nu = pcg(H, ones(model.nb_data,i), 100*eps,model.nb_data);',' nu = H\ones(model.nb_data,i);');
101 -        s = ones(1, model.nb_data)*nu(:,1);
```

Editor - D:\Notebook-D\My_PHD_Result\Matlab\SVM\LS-SVM\lab1.5\lssvmMATLAB.m*

File　Edit　Text　Go　Cell　Tools　Debug　Desktop　Window　Help

```matlab
84    for i=1:model.y_dim,
85
86      H = omega;
87      % computation matrix omega = K(x_i,x_j)*1/gamma
88      if size(model.gam,2)==model.nb_data,
89        eval(['invgam = model.gam(i,:).^-1;','invgam = model.gam(1,:).^-1;']);
90        for t=1:model.nb_data, H(t,t) = H(t,t)+invgam(t); end
91      else
92        eval(['invgam = model.gam(i,1).^-1;','invgam = model.gam(1,1).^-1;']);
93        for t=1:model.nb_data, H(t,t) = H(t,t)+invgam; end
94      end
95
96      v = H\model.ytrain(model.selector,i);
97      %eval(['v = pcg(H,model.ytrain(model.selector,i), 100*eps,model.nb_data);',' v = H\model.ytrain(model.selector, i);']);
98      nu = H\ones(model.nb_data,1);
99      %eval(['nu = pcg(H,ones(model.nb_data,i), 100*eps,model.nb_data);',' nu = H\ones(model.nb_data,i);']);
100     s = ones(1,model.nb_data)*nu(:,1);
101     model.b(i) = (nu(:,1)'*model.ytrain(model.selector,i))./s;
102     model.alpha(1:model.nb_data,i) = v(:,1)-(nu(:,1)*model.b(i));
103   end
104   return
105
106 end
107
108
```

simlsvm.m x lssvmMATLAB.m* x

FLS－SVM 代码

```
Editor - D:\Notebook-D\My PHD Result\Matlab\SVM\LS-SVMlab\LSVM\trainlssvm.m

File  Edit  Text  Go  Cell  Tools  Debug  Desktop  Window  Help

1    function [model,b,X,Y] = trainlssvm(model,X,Y)
2    % Train the support values and the bias term of an LS-SVM for classification or function approximation
3    %
4    % >> [alpha, b] = trainlssvm(X,Y,type,gam,kernel_par,kernel,preprocess])
5    % >> model      = trainlssvm(model)
6    %
7    % type can be 'classifier' or 'function estimation' (these strings
8    % can be abbreviated into 'c' or 'f', respectively). X and Y are
9    % matrices holding the training input and output data. The i-th
10   % data point is represented by the i-th row X(i,:) and Y(i,:). gam
11   % is the regularization parameter: for gam low minimizing of the
12   % complexity of the model is emphasized, for gam high, good fitting
13   % of the training data points is stressed. kernel_par is the
14   % parameter of the kernel; in the common case of an RBF kernel, a
15   % large sig2 indicates a stronger smoothing. The kernel_type
16   % indicates the function that is called to compute the kernel value
17   % (by default RBF_kernel). Other kernels can be used for example:
18   %
19   % >> [alpha, b] = trainlssvm(X,Y,type,gam,[d p],'poly_kernel'])
20   % >> [alpha, b] = trainlssvm(X,Y,type,gam,[]  , lin_kernel'])
21   %
22   % The kernel parameter(s) are passed as a row vector, in the case
23   % no kernel parameter is needed, pass the empty vector!
24   %
25   % The training can either be proceeded by the preprocessing
26   % function ('preprocess') (by default) or not ('original'). The
```

```
Editor - D:\Notebook-D\My_PHD_Result\Matlab\SVM\LS-SVMlab1.5\trainlssvm.m
File  Edit  Text  Go  Cell  Tools  Debug  Desktop  Window  Help

Stack: Base     fx

1.0  +  ÷  1.1  ×

27    % training calls the preprocessing (prelssvm, postlssvm) and the
28    % encoder (codelssvm) if appropiate.
29    %
30    % In the remainder of the text, the content of the cell determining
31    % the LS-SVM is given by {X, Y, type, gam, sig2}. However, the
32    % additional arguments in this cell can always be added in the
33    % calls.
34    %
35    % If one uses the object oriented interface (see also A.3.14), the training is done by
36    %
37    % >> model = trainlssvm(model)
38    % >> model = trainlssvm(model, X, Y)
39    %
40    % The status of the model checks whether a retraining is
41    % needed. The extra arguments X, Y allow to re-initialize the model
42    % with this new training data as long as its dimensions are the
43    % same as the old initiation.
44    %
45    % Three training implementations are included:
46    %
47    %     * The C-implementation linked with CMEX: this implementation
48    %       is based on the iterative solver Conjugate Gradient algorithm
49    %       (CG) (lssvm.mex*). After this training call, a '-' is
50    %       displayed. This is recommended for use on larger data sets.
51    %
52    %     * The C-implementation called via a buffer file: this is
```

```
Editor - D:\Notebook-D\My_PHD_Result\Matlab\SVM\LS-SVMlab1.5\trainlssvm.m
File  Edit  Text  Go  Cell  Tools  Debug  Desktop  Window  Help

53    %       based on CG; check if the executable 'lssvmFILE.x' is in the
54    %       current directory; (lssvmFILE.x). After this training call, a
55    %       '-' is displayed.
56    %
57    %       * The Matlab implementation: a straightforward implementation
58    %       based on the matrix division '\' (lssvmMATLAB.m). After this
59    %       training call, a '~' is  displayed. This is recommended for a
60    %       number of training data points smaller than 500 (depending on
61    %       the computer memory).
62    %
63    % By default, the cmex implementation is called. If this one fails,
64    % the Matlab implementation is chosen instead. One can specify
65    % explicitly which implementation to use using the object oriented
66    % interface.
67    %
68    % This implementation allows to train a multidimensional output
69    % problem. If each output uses the same kernel type, kernel
70    % parameters and regularization parameter, this is
71    % straightforward. If not so, one can specify the different types
72    % and/or parameters as a row vector in the appropriate
73    % argument. Each dimension will be trained with the corresponding
74    % column in this vector.
75    %
76    % >> [alpha, b] = trainlssvm((X, [Y_1 ... Y_d],type,...
77    %                            [gam_1 ... gam_d], ...
78    %                            [sig2_1 ... sig2_d],...
```

```
Editor - D:\Notebook-D\My_PHD_Result\Matlab\SVM\LS-SVMlab1.5\trainlssvm.m

File  Edit  Text  Go  Cell  Tools  Debug  Desktop  Window  Help

     1.0   +   ÷   1.1   ×   %  %  %                      Stack: Base ▼  ƒx

79   %                          (kernel_1,...,kernel_d)])
80   %
81   % Full syntax
82   %
83   %   1. Using the functional interface:
84   %
85   %  >> [alpha, b] = trainlssvm(X, Y, type, gam, sig2)
86   %  >> [alpha, b] = trainlssvm(X, Y, type, gam, sig2, kernel)
87   %  >> [alpha, b] = trainlssvm(X, Y, type, gam, sig2, kernel, preprocess)
88   %
89   %       Outputs
90   %         alpha     : N x m matrix with support values of the LS-SVM
91   %         b         : 1 x m vector with bias term(s) of the LS-SVM
92   %       Inputs
93   %         X         : N x d matrix with the inputs of the training data
94   %         Y         : N x 1 vector with the outputs of the training data
95   %         type      : 'function estimation' ('f') or 'classifier' ('c')
96   %         gam       : Regularization parameter
97   %         sig2      : Kernel parameter (bandwidth in the case of the 'RBF_kernel')
98   %         kernel(*) : Kernel type (by default 'RBF_kernel')
99   %         preprocess(*) : 'preprocess' (*) or 'original'
100  %
101  %
102  %   * Using the object oriented interface:
103  %
104  %  >> model = trainlssvm(model)
```

```
Editor - D:\Notebook ... LS-SVM

File  Edit  Text  Go  Cell  Tools  Debug  Desktop  Window  Help

1.0   +   ÷   1.1   ×   ％  ％   ０

105   % >> model = trainlssvm(X, Y, type, gam, sig2])
106   % >> model = trainlssvm(X, Y, type, gam, sig2, kernel])
107   % >> model = trainlssvm(X, Y, type, gam, sig2, kernel, preprocess])
108   %
109   %   Outputs
110   %     model        : Trained object oriented representation of the LS-SVM model
111   %   Inputs
112   %     model        : Object oriented representation of the LS-SVM model
113   %     X(*)         : N x d matrix with the inputs of the training data
114   %     Y(*)         : N x 1 vector with the outputs of the training data
115   %     type(*)      : 'function estimation' ('f') or 'classifier' ('c')
116   %     gam(*)       : Regularization parameter
117   %     sig2(*)      : Kernel parameter (bandwidth in the case of the 'RBF_kernel')
118   %     kernel(*)    : Kernel type (by default 'RBF_kernel')
119   %     preprocess(*) : 'preprocess' (*) or 'original'
120   %
121   % See also:
122   %   simlssvm, initlssvm, changelssvm, plotlssvm, prelssvm, codelssvm
123
124
125   % Copyright (c) 2002, KULeuven-ESAT-SCD, License & help @ http://www.esat.kuleuven.ac.be/sista/lssvmlab
126
127
128   %
129   % initialise the model 'model'
130   %
```

Editor - D:\Notebook-D\My_PHD_Result\Matlab\SVM\LS-SVMlab1.5\trainlssvm.m*

File   Edit   Text   Go   Cell   Tools   Debug   Desktop   Window   Help

Stack: Base   fx

1.0   +   ÷   1.1   ×

```
131 —     if (iscell(model)),
132 —       model = initlssvm(model{:});
133 —     end
134
135
136       %
137       % given X and Y?
138       %
139       %model = codelssvm(model);
140 —     eval('model = changelssvm(model,''xtrain'',X);',';');
141 —     eval('model = changelssvm(model,''ytrain'',Y);',';');
142 —     eval('model = changelssvm(model,''selector'',1:size(X,1));',';');
143
144       %
145       % no training needed if status = 'trained'
146       %
147 —     if model.status(1) == 't',
148 —       if (nargout>1),
149         % [alpha,b]
150 —         X = model.xtrain;
151 —         Y = model.ytrain;
152 —         b = model.b;
153 —         model = model.alpha;
154 —       end
155 —       return
156 —     end
```

```
Editor - D:\Notebook-D\My_PHD_Result\Matlab\SVM\LS-SVMlab1.5\trainlssvm.m *

File  Edit  Text  Go  Cell  Tools  Debug  Desktop  Window  Help

157
158
159     %
160     % control of the inputs
161     %
162 -   if ~((strcmp(model.kernel_type,'RBF_kernel') & length(model.kernel_pars)>=1) |...
163         (strcmp(model.kernel_type,'lin_kernel') & length(model.kernel_pars)>=0) |...
164         (strcmp(model.kernel_type,'MLP_kernel') & length(model.kernel_pars)>=2) |...
165         (strcmp(model.kernel_type,'poly_kernel') & length(model.kernel_pars)>=1)),
166
167         eval('feval(model.kernel_type,model.xtrain(1,:),model.xtrain(2,:),model.kernel_pars);model.implementation=''MATLAB'';',...
168             ',error(''The kernel type is not valid or to few arguments'');');
169 -   elseif (model.steps<=0),
170         error('steps must be larger then 0');
171 -   elseif (model.gam<=0),
172         error('gamma must be larger then 0');
173     % elseif (model.kernel_pars(<=0),
174     %   error('sig2 must be larger then 0');
175 -   elseif or(model.x_dim<=0, model.y_dim<=0),
176         error(' dimension of datapoints must be larger than 0');
177 -   end
178
179     %
180     % coding if needed
181     %
182
```

```
Editor - D:\Notebook-D\My_PHD_Result\Matlab\SVM\LS-SVMlab1.5\trainlssvm.m*
File  Edit  Text  Go  Cell  Tools  Debug  Desktop  Window  Help
```

```matlab
183 -    if model.code(1) == 'c', % changed
184 -      model = codelssvm(model);
185 -    end
186
187      %
188      % preprocess
189      %
190 -    eval('if model.prestatus(1)==''c'', changed=1; else changed=0;end;','changed=0;');
191 -    if model.preprocess(1) =='p' & changed,
192 -      model = prelssvm(model);
193 -    elseif model.preprocess(1) =='o' & changed
194 -      model = postlssvm(model);
195 -    end
196
197      % clock
198 -    tic;
199
200      %
201      % set & control input variables and dimensions
202      %
203 -    if (model.type(1) == 'f'), % function
204 -      dyn_pars=[];
205 -    elseif (model.type(1) == 'c'), % class
206 -      dyn_pars=[];
207 -    end
208
```

```
Editor - D:\Notebook-D\My_PHD_Result\Matlab\SVM\LS-SVMlab1.5\trainlssvm.m*
File  Edit  Text  Go  Cell  Tools  Debug  Desktop  Window  Help
                                          Stack: Base

209
210      % only MATLAB
211 -    if size(model.gam,1)>1,
212 -        model.implementation='MATLAB';
213 -    end
214
215      %
216      % output dimension > 1...recursive call on each dimension
217      %
218
219 -    if model.y_dim>1,
220 -        if (length(model.kernel_pars)==model.y_dim | size(model.gam,2)==model.y_dim | size(model.kernel_type,2)==model.y_dim |prod(size(model.kernel_type,2))==model.y_dim)
221 -            disp('multidimensional output...');
222 -            model = trainmultidimoutput(model);
223          %
224          % wich output is wanted?
225          %
226 -        if (nargout>1),
227 -            X = model.xtrain;
228 -            Y = model.ytrain;
229 -            b = model.b;
230 -            model = model.alpha;
231          else
232 -            model.duration = toc;
233 -            model.status = 'trained';
234 -        end
```

```
Editor - D:\Notebook\D:\My_PHD_Result\Matlab\SVM\LS-SVMlab\Strain\lssvm.m *
File  Edit  Text  Go  Cell  Tools  Debug  Desktop  Window  Help
      1.0   +   ÷   1.1   -   |   ×   | %% %% |  0,                                        Stack: Base ▼   fx

235 -        return
236 -      end
237 -    end
238
239
240    %
241    % call lssvmMATLAB.m, lssvm.mex* or lssvmFILE.m
242    %
243 -  if strcmpi(model.implementation,'CMEX'),
244 -    model.cga_startvalues = [];
245 -    eval(' model.cga_startvalues;', model.cga_startvalues = [];');
246
247
248 -    eval(['[ [model.alpha, model.b, model.cga_startvalues] =' ...
249      ' lssvm(model.xtrain(model.selector, 1:model.x_dim)'', model.x_dim,' ...
250      ' model.ytrain(model.selector, 1:model.y_dim), model.y_dim,' ...
251      ' model.nb_data, model.type, model.gam,' ...
252      ' model.cga_eps, model.cga_fi_bound, model.cga_max_itr,' ...
253      ' model.cga_startvalues,' ...
254      ' model.kernel_type,  model.kernel_pars,' ...
255      ' model.cga_show, dyn_pars);'], ...
256      ' model.implementation='''CFILE''; disp('' converting now to CFILE implementation'');'');% if error in CMEX ...
257
258 -    end
259
260 -  if strcmpi(model.implementation,'CFILE'),
```

Editor - D:\Notebook-D\My_PHD_Result\Matlab\SVM\LS-SVMlab1.5\trainlssvm.m*

File　Edit　Text　Go　Cell　Tools　Debug　Desktop　Window　Help

Stack: Base

```
261 —        eval('model = lssvmFILE(model,''buffer.mc'');',...
262                ['model.implementation=''MATLAB'';'...
263             'disp(''make sure lssvmFILE.x (lssvmFILE.exe) is in the' ...
264              ' current directory, change now to MATLAB implementation...'');']);
265          % if error in CFILE ...
266 —      end
267
268 —      if strcmpi(model.implementation(1),'m'),
269 —        model = lssvmMATLAB(model);
270 —      end
271
272        %
273        % wich output is wanted?
274        %
275 —      if (nargout>1),
276 —        X = model.xtrain;
277 —        Y = model.ytrain;
278 —        b = model.b;
279 —        model = model.alpha;
280 —      else
281 —        model.duration = toc;
282 —        model.status = 'trained';
283 —      end
284
285        %
286        %
```

Editor - D:\Notebook-D\My-PHD-Result\Matlab\SVM\LS-SVMlab1.5\trainlssvm.m

File Edit Text Go Cell Tools Debug Desktop Window Help

```matlab
287  function model = trainmultidimoutput(model)
288  %
289  %
290  %
291  model.alpha = zeros(model.nb_data, model.y_dim);
292  model.b = zeros(1,model.y_dim);
293  model.cga_startvalues = [];
294  for d=1:model.y_dim,
295    eval('gam = model.gam(:,d);','gam = model.gam(:);');
296    eval('sig2 = model.kernel_pars(:,d);','sig2 = model.kernel_pars(:);');
297    eval('kernel = model.kernel_type(d);','kernel=model.kernel_type;');
298    [model.alpha(:,d),model.b(d)] = trainlssvm((model.xtrain,model.ytrain(:,d),model.type,gam,sig2,kernel,'original'));
299  end
300  
301  %
302  % wich output is wanted?
303  %
304  if (nargout>1),
305    X = model.xtrain;
306    Y = model.ytrain;
307    b = model.b;
308    model = model.alpha;
309  else
310    model.duration = toc;
311    model.status = 'trained';
312  end
```

参考文献

[1]马雯雯,邓一贵.新的短文本特征权重计算方法[J].计算机应用,2013,33(8):2280-2282.

[2]程传鹏,苏安婕.一种短文本特征词提取的方法[J].计算机应用与软件,2014,31(6):162-164.

[3]申红,吕宝粮,内山将夫,等.文本分类的特征提取方法比较与改进[J].计算机仿真,2006,23(3):222-224.

[4]汪正中,张洪渊.基于英文博客文本的情感分析研究[J].计算机技术与发展,2011,21(8):153-156.

[5]王洪伟,刘勰,尹裴,等.Web文本情感分类研究综述[J].情报学报,2010,29(5):931-938.

[6]赵妍妍,秦兵,刘挺.文本情感分析[J].软件学报,2010,21(8):1834-1848.

[7]PANG B,LEE L,VAITHYANATHAN S. Sentiment Classification using Machine Learning Techniques[C]. In Proceedings of Conf. On EMNLP'02,2002.

[8]TURNEY P. Semantic Orientation Applied to Unsupervised Classification of Reviews[C]. In Proc, of the Meeting of the Association for Computational Linguistics(ACL'02),2002:417-424.

[9]DAVE K,LAWRENCE S,PENNOCK D. Mining the Peanut Gallery:Opinion Extraction and Semantic Classification of Product Reviews[C]. In Proc. of the 12th Intl. World Wide Web Conference,2003:519-528.

［10］PANG B, LEE L. A Sentimental Education：Sentiment Analysis Using Subjectivity Summarization Based on Minimun Cuts［C］. In Proceedings of the 42nd ACL,2004:271 - 278.

［11］KIM S,HOVY E. Determining the Sentiment of Opinions［C］. In Proc. of the Intl. Conf. On Computational Linguistics（COLING'04）,2004.

［12］LIN B,HU M. Opinion Observer：Analyzing and Comparing Opinions on the Web［C］. In Proc. of the 14th Intl. Word Web Conf,2005:342 - 351.

［13］YI J,NASUKAWA T,BUNESCU R C,et al. Sentiment Extracting Sentiments about a Given Topic Using Natural Language Processing Techniques［C］. In Proc. of the IEEE Conf. On Data Mining,2003.

［14］KU LUN W,LIANG Y T,et al. Opinion Extraction,Summarization and Tracking in News and Blog Corpora［C］. In Proc. of AAAI ,2006:280 - 288.

［15］MELVILLE P, GRYE W, LARENCE R D. Sentiment Analysis of Blogs by Combining Lexical Knowledge with Text Classification［C］. In Proc. of KDD - 09,2009:1275 - 1283.

［16］徐琳宏,林鸿飞,杨志豪. 基于语义理解的文本倾向性识别机制［J］. 中文信息学报,2007,21(1):96 - 100.

［17］李实,叶强,李一军. 中文网络客户评论的产品特征挖掘方法研［J］. 管理科学学报,2009,12(2):142 - 152.

［18］刘鸿宇,赵妍妍,秦兵,等. 评价对象抽取及其倾向性分析［J］. 中文信息学报,2010,24(1):84 - 88.

［19］徐军,丁字新,王晓龙. 使用机器学习方法进行新闻的情感自动分类［J］. 中文信息学报,2007,21(6):95 - 100.

［20］周杰,林琛,李弼程. 基于机器学习的网络新闻评论情感分类研究［J］. 计算机应用,2010,30(4):1011 - 1014.

［21］陶富民,高军,王腾蛟,等. 面向话题的新闻评论的情感特征选取［J］. 中文信息学报,2010,24(3):37 - 43.

［22］陆文星,王燕飞. 中文文本情感分析研究综述［J］. 计算机应用研究. 2012,

29(6):1001-3695.

[23] 杜伟夫,谭松波,云晓春,等.一种新的情感词汇语义倾向计算方法[J].计算机研究与发展,2009,46(10):1713-1720.

[24] 周立柱,贺宇凯,王建勇.情感分析研究综述[J].计算机应用,2008,28(11):2725-2729.

[25] 姚天昉,程希文,徐飞玉,等.文本意见挖掘综述[J].中文信息学报,2008,22(3):71-80.

[26] 张靖,金浩.汉语词语情感倾向自动判断研究[J].计算机工程,2010,36(23):194-196.

[27] 李纯,乔保军,曹元大,等.基于语义分析的词汇倾向识别研究[J].模式识别与人工智能,2008,21(4):482-487.

[28] LIN C F,WANG S D. Fuzzy support vector machines[J]. IEEE Trans on Neural Networks,2002,13(2):464-471.

[29] 刘太安,梁永全,薛欣.一种新的模糊支持向量机多分类算法[J].计算机应用研究,2008,25(7):2041-2042.

[30] EMRE C,KEMAL P. A new medical decision making system:Least square support vector machine(LSSVM) with fuzzy weighting pre-processing[J]. Expert Systems with Applications,2007,32:409-414.

[31] 林少波,杨丹,徐玲.基于类别相关的新文本特征提取方法[J].计算机应用研究,2012,29(5):1680-1683.

[32] 肖婷,唐雁.改进的χ^2统计文本特征选择方法[J].计算机工程与应用,2009,45(14):136-140.

[33] 徐明,高翔,许志刚,等.基于改进卡方统计的微博特征提取方法[J].计算机工程与应用,2012,50(19):113-117.

[34] 郭静寰.面向英文电影评论的文本情感倾向性分类研究[D].大连:大连海事大学硕士论文,2013.

[35] 郝媛媛,叶强,李一军.基于影评数据的在线评论有用性影响因素研究[J].管理科学学报,2010,13(8):78-88.

[36] 姚奕,叶中行.基于支持向量机的银行客户信用评估系统研究[J].系统仿真学报,2004,16(4):.783-786.

[37] GHOSE A, IPEIROTIS P G. Designing Novel Review Ranking Systems: Predicting the Usefulness and Impact of Reviews[C]. Proceedings of the ninth international conference on Electronic commerce, New York, 2007.

[38] 裴英博,刘晓霞.文本分类中改进型 CHI 特征选择方法的研究[J].计算机工程与应用,2011,47(4):128-130.

[39] 滕少华.基于 CRFs 的中文分词和短文本分类技术[D].北京:清华大学工学硕士学位论文,2009.

[40] 李实,叶强,李一军,等.中文网络客户评论中的产品特征挖掘方法研究[J].管理科学学报,2009,12(2):142-152.

[41] 单松巍,冯是聪,李晓明.几种典型特征选取方法在中文网页分类上的效果比较[J].计算机工程与应用,2003,39(22):146-148.

[42] 张华平.基于多层隐马尔科夫模型的中文词法分析[C].第 41 届 ACL 会议暨第二届 SIGHAN 研讨会,2003.

[43] 徐军,丁宇新,王晓龙.使用机器学习方法进行新闻的情感自动分类[J].中文信息学报,2007,21(6):95-100.

[44] 王伟,王洪伟,孟园.协同过滤推荐算法研究:考虑在线评论情感倾向[J].系统工程理论与实践,2014,34(12):3238-3249.

[45] 秦宇强,张雪英.连续汉语普通话中基于 SVM 的说话人情感互相关性算法[J].系统工程理论与实践,2011,31(S2):154-159.

[46] 董华,杨世元,吴德会.基于模糊支持向量机的小批量生产质量智能预测方法[J].系统工程理论与实践,2007,27(3):98-104.

[47] 贾君花.基于 SVM 的满意特征选择方法在个人信用评估中的应用[D].哈尔滨:哈尔滨工业大学硕士论文,2009.

[48] 姚奕,叶中行.基于支持向量机的银行客户信用评估系统研究[J].系统仿真学报,2004,16(4):783-786.

[49] 朱兴德,冯铁军.基于 GA 神经网络的个人信用评估[J].系统工程理论与

实践,2003,23(12):70-75.

[50]肖文兵,费奇.基于支持向量机的个人信用评估模型及最优参数选择研究[J].系统工程理论与实践,2006,10:73-79.

[51]姚潇,余乐安.模糊近似支持向量机模型及其在信用风险评估中的应用[J].系统工程理论与实践,2012,32(3):549-554.

[52]王梦菊.基于改进遗传算法的分类系统研究[D].哈尔滨:哈尔滨工程大学硕士论文.2008.

[53]李宋,刘力军,翟曼.改进粒子群算法优化BP神经网络的短时交通预测[J].系统工程理论与实践,2012,32(9):2045-2049.

[54]刘东平,单甘霖,张岐龙,等.基于改进遗传算法的支持向量机参数优化[J].微计算机应用2010,31(5):103-114.

[55]段扬.遗传算法的若干改进及其在支持向量机中的应用研究[D].南京:南京邮电大学硕士论文,2012.

[56]陈红美.大学英语"课程思政"教学模式探索与实践[J].智库时代,2018,51:17-19

[57]唐凤华.高校"课程思政"实施的理论与实践研究综述[J].校园英语,2018,49:65-66

[58]张英,苏宏业,褚健.基于模糊最小二乘支持向量机的软测量建模[J].控制与决策,2005,20(6):621-624.

[59]XIA B. Application of LS - SVM in English Emotion Classification[C]. The 13th International Forum on Strategic Technology (IFOST),Harbin,2018.

[60]夏冰.基于MIDF(t)的短文本特征权重计算方法研究[J].黑龙江科学,2016,7(8):36-38.

[61]赵专政,李云翔.聚类加权和CS-LSSVM的文本分类[J].计算机工程与应用,2013,49(16):124-128.

[62]张根明.1995年我国国民经济运行分析与趋势预测[J].中国软科学,1995,9(7):73-79.

[63]来光贤,陈济军.1995~1996年国民经济发展分析预测[J].中国软科学.

1995,12：6 - 10.

[64]岳建集,扬道.VERHULST 模型、微分模型及时滞模型的建模与经济预测应用数理统计与管理,1995,7(4)：11 - 14.

[65]邹懿玉,林鸿洲.主成分分析在经济预测中的应用[J].数理统计与管理,1995,8(1):7 - 10.

[66]李朋林.人才环境及基于神经网络的陕西经济发展预测模型研究[J].管理学报,2008,5：733 - 736.

[67]肖健华,林健,刘晋.区域经济中长期预测的支持向量回归方法[J].系统工程理论与实践,2006,4:97 - 103.

[68]张维,李玉霜.商业银行信用风险分析综述[J].管理科学学报,1998,9(3):98 - 106.

[69]何涛,翟丽.基于供应链的中小企业融资模式分析[J].物流科技,2007,6：56 - 62.

[70]胡跃飞.供应链金融——极富潜力的全新领域[J].中国金融,2007,10：124 - 130.

[71] SHEERER A T, DIAMOND S K. Shortc of risk ratings impede success in commercial lending[J]. Commercial lending review,1999,14(1):22 - 29.

[72] MIZGIER K J,WAGNER S M,HOLYST J A. Modeling defaults of companies in multi - stage supply Chain networks[J]. International Journal of Production Economics,2012,135(1):14 - 23.

[73]周文坤,王付成.供应链融资模式下中小企业信用风险评估研究——基于左右得分的模糊 TOPSIS 算法[J].运筹与管理,2015,24(1):209 - 215.

[74]刘艳春,崔永生.供应链金融下的中小企业信用风险评价——基于 SEM 和灰色关联度模型[J].技术经济与管理研究,2016,12:14 - 19.

[75]陈熊华,林成德,叶武.基于神经网络的企业信用等级评估[J].系统工程学报,2002,17(6):48 - 56.

[76]肖奎喜,王满四,倪海鹏.供应链模式下的应收账款风险研究——基于贝叶斯网络模型的分析[J].会计研究,2011,11:65 - 71.

[77]江训艳.基于 BP 神经网络的商业银行信用风险预警研究[J].财经问题研究 2014,S1:46-48.

[78]王艺,姚正海.制造业上市公司财务预警体系的构建及比较——基于数据挖掘技术[J].财会月刊,2016,21:49-55.

[79]胡海青,张琅,张道宏,等.基于支持向量机的供应链金融信用风险评估研究[J].软科学,2011,25(5):26-36.

[80]胡海青,张琅,张道宏,等.供应链金融视角下的中小企业信用风险评估研究——基于 SVM 与 BP 神经网络的比较研究[J].管理评论,2012,24(11):70-79.

[81]淳伟德,肖扬.供给侧结构性改革期间系统性金融风险的 SVM 预警研究[J].预测,2018,37(5):36-42.

[82]刘玉敏,刘莉,任广乾.基于非财务指标的上市公司财务预警研究[J].商业研究,2016,10:87-92.

[83]李健,张金林.供应链金融的信用风险识别及预警模型研究[J].经济管理,2019,41(8):178-196.

[84]耿成轩,李晓泪.基于样本加权 SVM 的科技型企业的融资风险预警研究[J].工业技术经济,2020,7:56-64.

[85]SUYKENS J A K, VANDEWALLE J, DE M B. Optimal Control by Least Squares Support Vector Machines [J]. Neural Networks, 2001, 14 (1): 23-35.

[86]钱晓明,王鑫豪,楼佩煌.基于聚类与改进最小二乘法支持向量机算法的汽车总装输送装备故障预警方法[J].计算机集成制造系统,2019,12(25):3220-3225.

[87]王帆.供应链金融视角下中小企业信用风险评估[D].厦门:厦门大学硕士学位论文,2014.

[88]VAPNIK V N, GOKOWICH S, SMOLA A. Support vector method for function approximation, regression estimation, and signal processing[M]. In: Adavances in Neural Information processing Systems 9, Cambridge. MA: MIT Press, 1997.

[89]林飞,曾五一.对自变量为随机变量的回归模型估计方法的探讨[J].统计研究,1999,12:22-27.

[90]牛常胜.基于几何距离的数据拟合优化方法研究[D].北京:北京科技大学硕士学位论文,2007.